精细化管理在建筑工程建设中的应用探索

娄燕举　崔庆海　刘延斌　著

中国商业出版社

图书在版编目（CIP）数据
精细化管理在建筑工程建设中的应用探索 / 娄燕举，崔庆海，刘延斌著. -- 北京 : 中国商业出版社，2025.5. -- ISBN 978-7-5208-3444-5
Ⅰ. TU71
中国国家版本馆CIP数据核字第2025LS9275号

责任编辑：朱丽丽

中国商业出版社出版发行
(www.zgsycb.com　100053 北京广安门内报国寺1号)
总编室：010-63180647　编辑室：010-63033100
发行部：010-83120835/8286
新华书店经销
北京虎彩文化传播有限公司印刷

*

710毫米×1000毫米　16开　16.5印张　250千字
2025年5月第1版　2025年5月第1次印刷
定价：78.00元

* * * *

（如有印装质量问题可更换）

前言

在全球经济快速发展的背景下，建筑工程行业作为国民经济的重要支柱产业，正经历着前所未有的变革与挑战。随着城市化进程的加速、科技的进步以及人们对生活质量要求的不断提高，建筑工程的规模和复杂程度也在不断增加，这对工程管理提出了更高的要求，而精细化管理作为一种先进的管理理念和方法，此时逐渐引起了建筑工程领域的广泛关注和应用。

精细化管理起源于制造业，其核心思想是通过对生产过程的每个环节进行精细化分析和控制，以实现资源的最优配置和效率最大化。在建筑工程中引入精细化管理，旨在通过对项目全过程的精细化控制，提高工程质量、缩短工期、降低成本，最终实现项目的优质高效交付。

本书注重理论阐述与实践分析相结合，首先进行了精细化管理概述，并分析了精细化管理在建筑工程建设中的价值，其次分别从建筑工程设计阶段、建筑工程施工阶段和建筑工程验收与维护阶段出发，探讨了精细化管理的具体应用，最后论述了精细化管理在建筑工程信息化建设中的应用。希望通过本书的介绍，能够为读者对精细化管理在建筑工程建设中的应用探索提供帮助。

在写作过程中，笔者参阅了相关文献资料，在此，谨向其作者深表谢忱。

由于笔者水平有限，疏漏和错误在所难免，希望广大读者批评指正，并衷心希望同行不吝赐教。

著　者

2025年3月

第一章　精细化管理概述 / 1

第一节　精细化管理的定义与内涵 / 1

第二节　精细化管理的基本原则 / 14

第三节　精细化管理在建筑工程中的适用性 / 28

第二章　精细化管理在建筑工程建设中的价值 / 40

第一节　精细化管理对建筑工程质量的影响 / 40

第二节　精细化管理对建筑工程成本的控制 / 50

第三节　精细化管理对建筑工程进度的推动 / 58

第三章　精细化管理在建筑工程设计阶段的应用 / 70

第一节　设计阶段的精细化需求分析 / 70

第二节　设计方案的优化与精细化控制 / 79

第三节　设计阶段的成本控制与资源分配 / 91

第四节　设计阶段的风险管理与精细化措施 / 101

第四章　精细化管理在建筑工程施工阶段的应用 / 110

第一节　施工进度管理的精细化控制 / 110

第二节　施工质量管理的精细化措施 / 125

第三节　施工现场安全管理的精细化实施 / 136

第四节　施工成本控制的精细化方法 / 145

第五章　精细化管理在建筑工程验收与维护阶段的应用 / 154

第一节　验收阶段的精细化控制 / 154

第二节　工程质量的精细化评估与改进 / 165

第三节　后期维护的精细化管理策略 / 173

第四节　精细化管理对建筑工程全生命周期的影响 / 182

第六章　精细化管理在建筑工程信息化建设中的应用 / 196

第一节　信息化技术在精细化管理中的作用 / 196

第二节　BIM 技术在精细化管理中的应用 / 209

第三节　大数据与物联网在精细化管理中的应用 / 224

第四节　信息化平台的建设与精细化管理的结合 / 239

参考文献 / 256

精细化管理概述

第一节　精细化管理的定义与内涵

一、精细化管理的基本定义

精细化管理是一种现代管理理念，旨在通过数据和信息的深度分析来优化管理过程。它不仅停留在表面的管理层次，还深入每一个管理细节，以确保每个环节的最优执行。精细化管理强调对各项资源的合理配置和高效利用，力求在资源有限的情况下，实现组织目标效益最大化。这种管理方法要求管理者具备敏锐的洞察力和数据分析能力，以便在复杂多变的环境中作出明智的决策。

在精细化管理中，持续改进是核心原则之一。通过不断监测和评估管理效果，管理者可以及时识别问题，并迅速调整策略和流程。这种不断优化的过程不仅提高了管理的精确性，也增强了组织的适应能力。在决策过程中，精细化管理要求充分考虑细节，确保每个环节都能有效支持整体目标。这种对细节的关注使得组织能够更好地预测和应对可能的风险，从而提高整体绩效。

此外，精细化管理能促进跨部门协作。通过强调信息共享和团队合作，组织能够打破部门之间的壁垒，提升整体效率。信息的透明和共享使各部门能够更好地协调工作，减少资源浪费和重复劳动。同时，精细化管理也关注客户需求，通过精确的市场分析和反馈机制，组织可以更好地理解客户期望，从而提升客户满意度和忠诚度。这种以客户为中心的管理方式，使组织能够在激烈的市场竞争中保持竞争优势。

二、精细化管理的核心要素

（一）数据驱动性

数据驱动性是精细化管理的基石，强调通过系统地收集和分析大量数据来指导决策过程。数据驱动性确保了管理策略的科学性和有效性，避免了因主观判断可能导致的偏差。数据驱动性不仅提升了决策的准确性，还为组织提供了一个基于事实和证据的管理框架，使管理层能够在复杂多变的环境中保持竞争优势。通过数据的深度挖掘和分析，组织能够揭示潜在的问题和机会，从而制订更具前瞻性的战略规划。

实时监控关键绩效指标（KPI）是数据驱动性的重要体现。通过对 KPI 的持续跟踪，管理者能够及时识别运营中的问题，并采取相应的调整措施。这种实时性和敏捷性使组织能够快速响应市场变化和内部挑战，保持业务的稳定和增长。此外，数据驱动性还促进了管理过程的透明化，使各级管理者能够基于事实而非直觉进行决策。这种透明化不仅增强了组织内部的信任，也提高了决策的效率和准确性。

数据驱动性强调数据整合与共享的重要性，确保组织内各部门能够访问和利用相关数据。数据整合与共享不仅提高了协作效率，还减少了信息孤岛现象产生，使各部门之间的沟通更加顺畅。通过数据整合与共享，组织能够实现资源的优化配置，避免重复劳动和资源浪费。同时，数据驱动性还通过客户行为分析和市场趋势预测，帮助组织更好地满足客户需求，提升市场竞争力。通过对客户数据的深入分析，组织能够精准把握客户偏好和市场动向，从而制定更具针对性的市场策略，增强市场竞争力。

（二）流程优化性

流程优化性通过对现有流程的深入分析和重组，旨在消除不必要的环节和资源浪费，从而显著提高工作效率。流程优化不仅仅是简单的步骤调整，而是通过系统分析，识别出流程中的瓶颈和低效区域，并通过创新的设计和实施策略来加以改进。在此背景下，流程优化性不仅仅是一种管理工具，更是一种管理哲学，强调以最小的资源投入，获取最大的产出效益。

在精细化管理框架下，流程优化性要求在管理过程中引入标准化和规范化，以确保各项操作的一致性和可重复性。通过制定明确的标准和规范，企业能够在不同的操作环境中保持其产品和服务质量的一致性。这种标准化的策略不仅能够降低操作过程中的变异性，还能为员工提供清晰的操作指南，减少因个人差异而导致的效率损失。此外，标准化的流程也为企业的持续改进提供了理论基础，使企业能够在动态变化的市场环境中保持竞争力。

流程优化性特别关注跨部门协作。通过优化流程设计，企业可以减少信息传递的时间和成本，从而提升各部门整体的响应速度。在现代企业中，信息的快速流动和准确传递是其成功的关键。因此，流程优化性通过打破部门间的壁垒，建立顺畅的信息流动渠道，使各部门能够更高效地协同工作。这种协作不仅提升了企业的内部效率，还增强了企业在市场中的快速反应能力，使其能够更好地应对外部环境的变化。

流程优化性强调持续评估和反馈机制，以便在实施过程中不断发现问题并进行调整，确保流程的动态适应性。持续的评估和反馈不仅能够帮助企业及时发现流程中的问题，还能为流程的改进提供科学依据。通过建立完善的反馈机制，企业能够在流程优化的道路上不断前进，确保其管理体系能够灵活应对各种内外部挑战。这种动态适应性使企业在不断变化的市场环境中，保持其竞争力和创新能力。

（三）全员参与性

全员参与不仅仅是一个管理策略，更是一种文化。通过强调员工在管理过程中的主动性和责任感，鼓励每位员工对组织目标作出贡献和反馈。这种管理模式的本质在于将每位员工视为组织不可或缺的一部分，激发员工的主人翁精神。在这种环境下，员工不再是被动的指令执行者，而是积极的参与者，员工的意见和建议被视为组织发展的重要资源。这种文化的建立需要组织在制度上提供保障，确保员工的声音能够被听到，并且员工的贡献能够得到应有的认可和奖励。

全员参与性促进了信息流通，使员工能够及时获得必要的管理信息，从而增强员工工作效率和决策能力。在信息时代，信息的及时性和准确性直接影响组织的竞争力。通过全员参与，管理层能够快速地获取来自一线的真实信息，及时调整策略和决策。员工在了解组织目标和现状的基础上，能够更好地规划自己的工作，提升个人和团队的工作效率。这种信息的双向流动不仅提高了组织的反应速度，也增强了员工的归属感和责任感。

建立开放的沟通渠道是全员参与性的重要体现。通过这样的渠道，员工被鼓励可以提出建议和改进意见，提升管理决策的科学性。开放的沟通不仅仅是信息的传递，更是思想的碰撞和智慧的分享。在这样的沟通环境中，员工的创造力和创新能力得以释放，组织能够从多元化的视角中获得新的思路和解决方案。这种沟通机制的建立需要管理层的支持和推动，同时也需要员工的积极参与和投入。

全员参与性增强了团队凝聚力，促进了跨部门协作，提高了组织的整体执行力和响应能力。在精细化管理中，单个部门或个人的努力往往不足以实现组织的宏伟目标。通过全员参与，组织能够打破部门壁垒，促进跨部门协作与沟通，形成合力。团队成员在共同目标的引导下，相互支持和配合，形成强大的组织凝聚力。这种协作精神不仅提高了组织的执行力，也增强了其在市场中的竞争力和适应能力。

三、精细化管理的目标与价值

（一）提升管理效率

精细化管理作为一种现代管理理念，其核心目标之一就是提升组织的管理效率。通过识别并消除流程中的瓶颈，能够加快工作进程，提升整体效率。流程中的瓶颈常常导致资源的浪费和时间的拖延，而精细化管理通过对流程的细致分析和优化，确保每个环节都能高效运作，从而实现整体效率的提升。这种细致入微的管理方式不仅关注宏观的战略目标，也强调微观的流程优化，使组织能够在快速变化的市场环境中保持竞争力。

精细化管理通过数据分析，帮助管理者作出更加科学的决策。传统的管理方式往往依赖于管理者的经验和直觉，而精细化管理则通过大量的数据收集和分析，为管理者提供更加客观和准确的决策依据。这种科学的决策过程不仅减少了决策失误的概率，也有效地降低了由此导致的资源浪费。在信息技术高度发展的今天，数据已经成为组织的重要资产，精细化管理通过数据的深度挖掘和分析，为管理者提供了决策支持。

精细化管理强调资源配置的合理性。通过精细化的管理方法，组织能够确保各项资源都能被充分利用，避免资源闲置。资源的合理配置是组织高效运作的基础，精细化管理通过对资源使用情况的监控和分析，优化资源的分配和使用效率。这不仅提高了组织的经济效益，也增强了其在市场中的竞争力。合理的资源配置还能提高员工的工作满意度，因为员工能够在资源充足的环境中高效开展工作。

在精细化管理的框架下，跨部门协作和信息流通的优化也是提升管理效率的重要手段。精细化管理鼓励不同部门之间协作，打破信息孤岛，减少沟通障碍。跨部门协作不仅提升了团队的响应速度和执行力，也有助于组织内部知识的共享和创新能力的提升。通过优化信息流通，组织能够更快速地响应市场变化和客户需求，从而在市场竞争中占据优势。

（二）增强竞争优势

通过精准的数据分析，企业能够迅速识别市场变化，并及时调整战略以适应不断变化的市场环境。这种敏捷性使企业在面对市场波动时，能够保持稳定的运营并抓住新的市场机遇。此外，精细化管理通过优化资源配置，显著降低运营成本，提高利润率。成本效益的提升使企业在激烈的市场竞争中占据有利位置，能够以更具竞争力的价格和服务吸引客户。

精细化管理强调对客户需求的深入洞察和及时反馈。通过对市场需求的精准把握，企业能够开发出更符合市场需求的产品和服务，从而提升客户满意度。这不仅有助于维持现有客户群体，还能吸引新客户，扩大市场份额。与此同时，精细化管理的实施能够提升企业的创新能力。通过持续的流程优化和改进，企业可以加速新产品和新服务的推出，满足市场的动态需求。这种快速响应能力是企业在竞争中保持领先地位的关键。

此外，精细化管理促进了企业内部的跨部门协作与信息共享。通过打破信息孤岛，企业能够实现更高效的资源整合和协同作业，增强团队的执行力和响应速度。高效的内部运营机制，不仅提高了企业的整体竞争力，还使其能够在市场中更迅速地应对挑战和抓住机遇。精细化管理的优势，使其成为企业在现代商业环境中不可或缺的战略工具，为企业的可持续发展奠定了坚实的基础。

（三）优化资源配置

精细化管理通过数据分析实现精准的资源需求预测，确保资源配置与实际需求相匹配，从而有效避免资源浪费。数据分析作为精细化管理的核心工具之一，可以提供详尽的需求预测信息，使企业能够在资源配置上做到未雨绸缪。通过对历史数据的分析，管理者可以识别出资源需求的趋势和变化规律，进而制订更为科学的资源配置计划。这种基于数据的精准预测不仅提高了资源利用效率，还显著降低了因资源过剩或短缺带来的成本风险。

在流程优化方面，精细化管理通过减少冗余环节和资源消耗，进一步提高资源使用效率。传统管理模式中，资源配置往往存在不必要的环节和重复作业，而精细化管理则通过对流程的深入分析，找出并消除这些冗余环节。通过简化流程，企业不仅能够节省人力、物力，还能缩短生产周期，提高市场响应速度。此外，精细化管理通过标准化和流程再造，确保资源在各个环节的高效流动，使得每一单位资源都能发挥最大效用。

动态调整是精细化管理在资源配置中的关键特点。通过实时数据的监测和分析，企业能够根据市场变化灵活调整资源分配策略。传统的资源配置往往是静态的，无法及时响应市场的变化，而精细化管理强调动态调整，以适应快速变化的市场环境。通过实时数据支持，企业可以在需求变化时迅速调整生产计划、库存水平和物流安排，确保资源的最优配置。动态调整机制不仅提升了资源的使用效率，还增强了企业的市场竞争力。

精细化管理通过促跨部门协作，确保各部门资源的共享与协调，从而优化整体资源配置效果。企业内部各部门往往各自为政，资源配置缺乏协调，导致资源浪费和效率低下。精细化管理通过建立跨部门协作机制和信息共享平台，打破部门壁垒，实现资源共享与协调。在跨部门协作机制下，各部门可以根据整体资源配置策略，合理分配和使用资源，避免资源的重复配置和浪费，实现整体资源使用效益的最大化。

四、精细化管理的主要特征

（一）系统性与全面性

系统性强调精细化管理需要从整体考虑组织的各个环节。通过对组织各个环节的相互关联和协调进行深入分析，确保每一个环节都能为整体效益的最大化作出贡献。这种方法不仅要求对内部流程的精细调整，还需要对外部环境的变化进行有效应对，以确保组织的持续发展和竞争力的提升。在这一过程中，各职能部门之间的协作尤为重要，只有通过系统性的管理，才能实现组织资源的最优配置和最大化利用。

全面性要求精细化管理覆盖组织的所有层面和各职能部门。无论是战略层面的决策，还是运营、财务以及人力资源的管理，都需要在精细化管理的框架下进行全方位实施。全面性确保了组织在各个方面的管理措施能够协调一致，避免因局部优化而导致整体效益损失。此外，全面性还意味着组织需要建立一套完整的管理体系，以支持各职能部门的高效运作和协调发展，从而实现组织目标达成。

系统性与全面性的结合强调在制定管理策略时，需考虑外部环境和内部资源的动态变化。市场的快速变化要求组织在制定策略时，必须具备足够的灵活性和前瞻性，以适应外部环境变化。同时，内部资源的配置和调整也需要根据实际情况进行优化，以支持组织的长期发展。动态的管理方式不仅能够帮助组织在复杂多变的市场环境中保持竞争优势，还能促进组织内部的创新和变革。

同时，系统性与全面性还体现在管理工具和方法的多样化应用上。在精细化管理中，管理者需要灵活运用不同的管理工具，以适应不同场景和需求的变化。无论是在流程优化、绩效管理方面，还是在质量控制和风险管理方面，都需要根据具体情况选择合适的工具和方法。多样化的应用不仅提高了管理的效率和效果，还能够为组织带来更多的创新机会和发展空间，确保组织在竞争激烈的市场中立于不败之地。

（二）细节关注与精准性

在精细化管理中，细节关注要求在管理过程中对每一个环节进行深入分析，确保各项操作的准确性和高效性。细节关注不仅体现在对流程的严格把控上，还包括对细微变化的敏锐感知。通过细节关注，管理者可以更好地识别潜在问题，并在问题发生前采取预防措施。这种前瞻性的方法能够有效地降低组织面临的风险，确保组织稳定运行。

精准性在精细化管理中同样至关重要。它强调管理决策必须基于真实的数据和信息，而非依赖主观判断。基于数据的决策方式可以有效避免因个人偏见或经验不足所带来的决策偏差，提升决策的科学性和准确性。在精细化管理中，精准性不仅体现在决策层面，还贯穿于资源配置、绩效评估等各个环节，确保组织各项资源的合理运用。

细节关注与精准性相辅相成，共同促进了组织的高效管理。在资源配置方面，精准性确保了资源的使用与实际需求相符，从而提升资源的使用效率和效益。通过细致的分析和精准的决策，组织能够在复杂多变的环境中保持竞争优势。此外，这种管理方式还鼓励组织不断优化流程，提升整体运营水平，进而实现组织目标的高效达成。

（三）动态性与灵活性

动态性与灵活性是精细化管理的重要特征之一，体现了管理过程中的适应能力和调整能力。

动态性强调精细化管理能够根据市场环境和内部变化快速调整策略，适应不断变化的外部条件。这种特性要求管理者具备敏锐的市场洞察力和快速的决策能力，以便在面对新的市场挑战时，能够迅速调整战略方向和运营模式。这不仅有助于组织在激烈的市场竞争中占据优势地位，也为其长远发展提供了有力保障。

灵活性要求管理者能够迅速响应突发事件和环境变化，及时调整资源配置和流程，确保组织保持高效运作。在商业环境中，变化是常态，因此灵活性成为组织生存和发展的关键。通过建立灵活的管理机制，组织可以快速识别和应对外部变化，优化内部流程，以最低的成本实现最高的效率。灵活性还体现在对员工的管理上，允许员工在一定范围内自主决策，激发其创造力和主动性，提升整体工作效率。

动态性与灵活性相结合，促使组织在面对不确定性时，能够有效地整合资源，保持竞争力和创新能力。两者的结合不仅提升了组织应对外部变化的能力，还加强了内部的协作和沟通，推动组织在复杂多变的环境中实现创新突破。这种管理方式的优势在于，它能够在不确定的市场环境中，帮助组织找到新的增长点和发展机遇，确保其在行业中的领先地位。

灵活的管理机制允许组织在实施精细化管理过程中，试验不同的方法和工具，以找到最适合自身的管理模式。通过不断试验和调整，组织能够在动态环境中保持灵活性和适应性。灵活的管理机制不仅鼓励创新和变革，还推动了组织持续改进和优化管理流程，以实现更高的运营效率和更强的市场竞争力。在此过程中，组织需要不断评估和优化其管理策略，以确保其始终与外部环境保持一致。

（四）结果导向与效益性

在精细化管理中，所有的管理活动和决策都必须以最终结果为导向，意味着每一个管理步骤都需要紧密围绕组织的战略目标和绩效指标进行设计和实施。通过这种方式，精细化管理能够确保组织的所有资源和努力最终都指向明确的目标，避免资源浪费和效率低下。这种管理方式要求管理者在制定策略时，必须明确具体的行动计划，确保每一步都能够带来可量化的成果，避免盲目决策导致的偏差。同时，结果导向促使管理者在策略制定过程中，必须考虑如何通过具体的行动计划来实现可量化的成果。具体而言，管理者需要在决策时明确每一项行动的预期效果，并通过科学的管理工具和方法进行量化评估。这种方法不仅提高了决策的科学性和准确性，还能有效避免盲目决策导致的资源浪费和管理偏差，确保组织的每一步发展都在掌控之中。

效益性是精细化管理的一个重要特征。效益性强调通过精细化管理的实施，确保资源的投入能够带来相应的回报，从而提升组织的整体经济效益和竞争力。在资源日益稀缺的背景下，效益性管理要求组织在资源配置时，精细分析每一项投入的成本效益比，确保每一笔投入都能产生最大的价值回报。这不仅提升了组织的财务表现，也增强了其在市场中的竞争力。此外，效益性还强调持续改进，意味着在精细化管理中，组织需要定期评估管理效果，以确保在资源配置和流程优化中实现持久的效益提升。通过不断评估和反馈，组织可以识别出管理中的不足之处，并及时进行调整和优化。持续的改进过程，不仅提升了组织的灵活性和适应性，也为其在激烈的市场竞争中赢得了更多的发展机遇。

五、精细化管理与传统管理的区别

（一）管理理念的差异

精细化管理与传统管理在管理理念上存在显著差异。精细化管理强调数据驱动决策，依托科学的分析工具和方法制定决策。精细化管理通过对数据的深入分析，确保决策的准确性和可行性，从而提高组织的整体效能。相比之下，传统管理更依赖于管理者的经验和直觉，缺乏系统的科学依据，可能导致决策的主观性和不确定性增加。精细化管理通过数据精确分析和应用，减少了决策中的不确定因素，提升了管理的可靠性和效率。

精细化管理注重细节和过程的优化，强调对每一个环节进行精确控制和持续改进。精细化管理通过精细化的过程控制，确保每个步骤都达到最佳状态，进而提升整体的管理效果。传统管理关注整体规划和宏观管理，忽视具体环节的优化和改进。精细化管理通过对细节的严格把控，实现了管理的精益求精，推动了组织的持续发展和进步。

精细化管理强调全员参与，鼓励员工主动反馈和改进。精细化管理通过激发员工的积极性和创造力，提高了组织的灵活性和适应性。员工在其中不仅是执行者，更是管理过程的参与者，通过反馈和建议，推动管理不断优化。传统管理通常采用自上而下的决策模式，员工的参与度较低，难以充分发挥员工的潜能和智慧。精细化管理通过全员参与，形成了良好的组织氛围，促进了组织的创新和发展。

精细化管理强调客户需求的精准把握，通过对市场变化的敏锐洞察和快速响应，满足客户的个性化需求。传统管理往往忽视市场变化，导致响应滞后，无法及时满足客户需求。精细化管理通过对客户需求的深入分析和精准把握，提升了客户满意度和忠诚度，增强了组织的市场竞争力。精细化管理通过精准的市场定位和快速响应机制，确保了组织在激烈的市场竞争中立于不败之地。

（二）管理方法的不同

在现代管理实践中，精细化管理与传统管理方法存在显著的差异。精细化管理的核心在于利用数据分析工具进行实时监控和评估管理效果，确保了决策的科学性和及时性。通过对数据的精确分析，管理者能够及时掌握业务的各个环节，快速响应市场变化和内部需求调整。实时的数据反馈机制使得企业在面对复杂的市场环境时，能够以更加灵活和高效的方式应对，从而在竞争中占据优势。

同时，精细化管理强调流程再造。通过对现有流程的重组和优化，企业能够消除冗余环节，提高工作效率。传统管理通常依赖固定的流程和标准化的操作，而精细化管理通过持续的流程优化，确保每个环节都能实现资源的最佳配置。通过流程再造，企业不仅能够降低运营成本，还能提高产品和服务的质量，增强市场竞争力。对流程的精细化管理，使企业能够在快速变化的市场中保持敏捷性和创新能力。

精细化管理注重跨部门协作，采用协同工具和平台实现信息共享，提升整体工作效率和响应速度。在传统管理模式中，各部门之间往往是相对独立的，信息流通不畅，导致决策效率低下。而精细化管理通过信息技术手段，打破部门壁垒，实现信息的无缝对接和共享。这种跨部门的协同工作模式，不仅提高了组织的整体效率，也增强了各部门之间的协作能力，使企业能够更快响应客户需求和市场变化。

此外，精细化管理实施绩效管理系统，通过设定明确的绩效指标，量化管理成果，确保资源有效利用和持续改进。传统管理往往依赖经验和直觉进行绩效评估，而精细化管理通过科学的绩效指标体系，对员工和组织的绩效进行量化分析。量化管理方式，使企业能够更加客观地评估和改进其管理实践，确保资源配置的有效性和管理目标的实现。通过持续的绩效改进，企业能够不断提升其竞争力和市场地位。

（三）组织结构的变化

在现代管理实践中，精细化管理引发了组织结构的显著变化。传统的金字塔式组织结构往往层级繁多，导致信息传递效率低下，决策过程缓慢。而精细化管理推动组织向扁平化转型，通过减少管理层级来提高决策效率。扁平化转型不仅缩短了信息传递的路径，还使组织能够更快地响应外部环境的变化。在精细化管理模式下，管理者能够更直接地与基层员工沟通，快速获取一线反馈，从而作出更为及时有效的决策。

精细化管理促使组织内各部门之间的协作更加紧密。通过跨职能团队的形式，组织实现了信息和资源的快速流动。跨职能团队结构打破了传统部门之间的壁垒，促进了各职能部门间的协作与沟通。跨职能团队的运作不仅提升了组织的创新能力，还增强了整体的执行力，使项目推进更为高效。同时，这种协作方式也为员工提供了更多学习和成长的机会，激发了员工的创造力和工作积极性。

在精细化管理下，明确各岗位的职责与目标是组织结构变化的另一个重要方面。通过细化岗位职责，组织能够将责任落实到个人，促进员工的工作主动性。明确的责任分配不仅提高了员工的工作效率，还增强了员工的责任感和归属感。此外，精细化管理通过设定明确的目标，使员工能够清晰地理解其工作对组织整体目标的贡献，从而激发员工更高的工作热情和积极性。

精细化管理促使组织在结构设计上更加注重数据驱动的决策机制。通过对数据的深度分析，管理者能够更科学地进行决策，从而提升整体运营的科学性。数据驱动的管理方式不仅提高了决策的准确性，还增强了组织对市场变化的敏感性和应对能力。在精细化管理的框架下，数据成为组织运营的重要资源，各级管理者通过数据分析来指导决策，确保组织在复杂多变的市场环境中保持高效运作。

第二节　精细化管理的基本原则

一、数据驱动原则

（一）数据收集与整理

数据收集与整理不仅是决策过程的基础，也是确保管理措施有效实施的前提。通过系统地收集和整理数据，组织能够获得对当前状况的精确理解，从而制定更加科学的管理策略。数据收集的目的在于为决策提供可靠的依据，信息驱动的决策方式能够显著提升管理效率和效果。在经济全球化和社会信息化的背景下，数据的价值日益凸显，成为企业核心竞争力的重要组成部分。

数据收集的方法与工具多种多样，包括传统的问卷调查、访谈以及现代的在线分析技术和传感器应用等。问卷调查可以提供定量的数据，帮助管理者了解受众的普遍看法和需求。访谈能深入挖掘个体的观点和建议，为定性分析提供素材。在线分析工具，如谷歌分析和社交媒体监控软件，能够实时捕捉用户行为数据，帮助企业快速响应市场变化。传感器应用使企业能够自动收集环境和设备状态数据，为精细化管理提供更为丰富和精准的信息来源。

在完成数据收集后，数据整理的步骤至关重要。数据清洗是第一步，通过剔除错误和重复的数据，确保信息的准确性。接下来是数据分类，以便后续分析，将数据按主题或特征进行分组。数据存储是最后一步，选择合适的数据库或云存储平台，确保数据的安全性和可用性。有效的数据整理能够极大地提高数据分析的效率和准确性，为管理决策提供坚实的基础。

在数据收集与整理过程中，数据隐私与安全的考虑尤为重要。随着数据收集技术的进步，个人隐私泄露的风险也在增加。因此，保护用户信息和遵循相关法律法规成为数据管理的重要环节。企业需要制定严格的数据隐私政策，确保用户信息在收集、存储和使用过程中的安全性。通过采取加密、匿名化等技术手段，可以有效地降低数据泄露的风险，增强用户信任和满意度。

（二）数据分析与应用

在现代管理实践中，数据已成为企业决策的重要依据。通过对大量数据的深入分析，管理者可以从中提取有价值的信息，指导企业的运营和战略调整。数据分析不仅涉及对历史数据的回顾，还包括对未来趋势的预测。数据分析能力使企业能够在竞争激烈的市场中保持灵活性和前瞻性。为了实现这一目标，企业需要建立强大的数据分析团队，并引入先进的分析工具和技术。

在选择数据分析方法时，企业必须考虑业务需求和数据特性。统计分析和机器学习等技术为不同类型的数据提供了多样化的分析手段。统计分析适用于数据量较小且结构化的数据，而机器学习适合处理大规模、非结构化数据。通过选择合适的分析方法，企业能够更准确地识别市场趋势、客户需求和运营效率的变化。此外，数据分析的准确性和有效性还取决于数据的质量和完整性。因此，建立健全的数据收集和管理机制是进行有效数据分析的前提。

数据驱动决策的实施策略是确保管理决策科学性和有效性的关键。在数据分析结果的基础上，企业需要制定明确的决策流程，将分析结果转化为实际的管理行动。这一过程不仅需要对数据结果的深入理解，还需要结合企业的实际情况进行综合考量。通过建立系统化的决策机制，企业可以在减少主观判断偏差的同时，提高决策的准确性和效率。此外，数据驱动决策的成功实施还依赖于企业文化的支持和高层管理者的推动。

数据分析结果的评估与优化是确保分析方法有效性的重要步骤。定期对数据分析过程和结果进行评估能够帮助企业识别分析中的不足之处，并根据反馈不断优化分析策略。这一过程不仅有助于提高数据分析的质量，还能为企业的长远发展提供持续的支持。通过不断的评估与优化，企业可以保持其数据分析能力的领先地位，从而在市场竞争中立于不败之地。

（三）数据可视化技术

数据可视化技术在现代管理中扮演着至关重要的角色，通过将复杂的数据转化为直观的图形或图表，能够极大地提高信息传达的效率和准确性。数据可视化的定义涉及将数据以图形化的方式呈现，使用户能够在短时间内理解数据的意义和趋势。数据可视化的重要性不仅体现在简化复杂数据上，还在于增强数据分析的可操作性，帮助管理者在决策过程中更快地识别问题和机会。数据可视化技术的应用已成为企业实现精细化管理的一项关键策略。

不同类型的数据可视化形式各有其适用场景和优缺点。柱状图通常用于比较不同类别的数据，直观展示各类数据的差异；折线图则适合展示数据的变化趋势，尤其是在时间序列数据分析中应用广泛；饼图常用于展示数据的组成比例，但在数据类别较多时可能不够直观。选择合适的数据可视化形式需要根据数据的特性和分析的目标来决定，以确保信息传达的有效性和准确性。

设计有效的数据可视化图表需要遵循一定的原则，以确保信息的清晰性、简洁性和可读性。首先，图表设计应尽量简化复杂元素，避免过多的色彩和装饰，以突出关键信息。其次，数据标签和注释应当准确且易于理解，以便帮助读者快速抓住图表的核心内容。此外，选择合适的图表类型和布局也是确保信息传递准确性的关键。遵循以上原则可以帮助管理者更有效地利用数据可视化技术，实现精细化管理的目标。

二、流程优化原则

（一）流程分析与诊断

流程分析与诊断是精细化管理中不可或缺的一部分，其核心在于识别现有流程中的瓶颈与低效环节，从而进行有针对性的改进和优化。通过对流程的深入分析，可以发现哪些环节阻碍了整体效率的提升，哪些步骤需要重新设计或简化。流程分析的目的不仅仅是提高效率，更是增强流程的灵活性和适应性，以便更好地应对市场变化和组织内部的需求。通过识别问题区域，管理者可以制定更为有效的策略，确保资源的合理配置和利用。

流程诊断需要运用多种工具和方法，以便全面了解流程的运行状态和问题所在。工具如流程图、价值流图等，能够直观地展示流程的各个环节及其相互关系。这些工具不仅帮助管理者识别问题，还能为优化方案的制订提供数据支持。同时，流程诊断也需要结合先进的分析技术，如大数据分析和机器学习，以获取更深层次的洞察。通过这些技术手段，管理者可以更准确地预测流程中的潜在问题，并提前采取措施加以防范。

在进行流程分析时，各环节之间的相互关系是管理者重点考虑的因素之一。只有在深入理解这些关系的基础上，分析结果才能真实反映整体流程的效率与效果。流程的每一个环节都可能对其他环节产生影响，因此，任何改进措施都应在全面考虑这些影响的前提下进行。此外，流程分析还应关注跨部门的协作和信息流动，以确保优化后的流程能够在整个组织内顺畅运作。

流程分析应结合实际数据，利用数据驱动的方法来评估流程的绩效，确保改进措施的科学性和有效性。通过收集和分析流程运行中的数据，管理者可以更准确地评估现有流程的绩效，并为优化措施的制定提供依据。数据分析不仅有助于量化流程的效率，还能揭示隐藏的问题和流程的改善空间。数据驱动的分析方法能够确保流程优化的措施是基于客观事实，而非主观判断。

（二）流程再造与优化

流程再造与优化是精细化管理中的关键环节，其核心在于通过彻底的变革来提升流程的效率和效果，从而实现组织的战略目标。流程再造的定义强调了对现有流程进行根本性变革的必要性，通过重新设计和优化流程，组织能够更好地适应市场变化，提高竞争力。在流程再造过程中，明确的目标设定尤为重要，它为流程再造提供了方向和衡量标准，使各项变革措施更加有的放矢。

在流程再造方法论中，分析现有流程是首要步骤。通过对现有流程的深入分析，组织可以识别出流程中的瓶颈和低效环节。接下来，通过创新设计来优化关键环节，能够显著提升流程的整体效率。流程再造方法论不仅关注流程的局部改进，更强调整体协调和系统优化，以确保流程再造能够对组织绩效产生积极影响。

跨部门协作在流程再造中扮演着至关重要的角色。不同部门之间的有效沟通与合作，是确保流程重组顺利实施的基础。通过建立跨部门的协作机制，组织能够打破部门壁垒，实现资源的优化配置和信息的高效流动。跨部门协作不仅能够提高流程的执行效率，还能增强组织的灵活性和响应能力，从而更好地应对外部环境的变化。

在流程再造实施过程中，建立评估与反馈机制至关重要。通过对流程再造效果的绩效评估，组织能够及时发现问题，并进行相应的调整和优化。流程再造效果的绩效评估不仅有助于确保流程再造的有效性，还能为后续的持续改进提供依据。通过不断的评估和反馈，组织能够实现流程的动态优化，保持企业竞争优势。

（三）流程标准化实施

流程标准化的重要性在于，通过制定统一的操作流程，可以显著提高工作效率，同时减少错误率。流程标准化不仅有助于确保每个操作步骤一致性，还能在人员变动时，确保工作衔接的顺畅。流程标准化是许多高效企业保持竞争力的关键因素。通过流程标准化，企业能够在复杂的环境中保持稳定的输出质量，并在全球市场中占据有利地位。

实施流程标准化需要经过几个关键步骤。首先是流程设计，确定每个步骤的具体要求和目标。其次是文档编制，将设计的流程形成书面的标准操作程序，确保每个参与者都能理解并遵循。最后是培训与推广，通过系统培训，使员工了解并掌握标准化流程的精髓，确保其在实际操作中有效执行。这些步骤的实施，确保了流程标准化能够在组织内顺利推行，并为后续的优化打下基础。

为了确保标准化流程的有效性，建立监控与评估机制是必要的。通过定期检查和反馈，能够及时发现流程中的问题并进行改进。监控与评估机制不仅仅是对流程的监督，更是对流程优化的推动力。通过不断的反馈和调整，企业能够持续优化流程标准化的实施效果，确保其始终符合组织的发展需求和市场环境的变化。

流程标准化的技术支持是提升其实施效率和准确性的关键。信息系统和工具的应用，使流程的标准化实施更加便捷和高效。例如，通过流程管理软件，可以实现对流程的自动化监控和数据分析，从而提高流程执行准确性和效率。这些技术支持不仅简化了流程管理的复杂性，还为流程的持续优化提供了有力的数据支撑，推动企业在精细化管理的道路上不断前行。

三、标准化管理原则

（一）标准化流程设计

标准化流程设计旨在通过统一的流程和操作规范提升工作效率和操作一致性。标准化流程设计不仅关注流程的设计，还强调流程的可重复性和可操作性。标准化流程设计的目的在于确保组织内的各项操作能够在不同的时间和条件下保持一致性，从而减少因人为因素导致的误差和偏差。标准化流程设计不仅能够提升工作效率，还能为组织的长期发展奠定坚实的基础。

在进行标准化流程设计时，必须充分考虑各部门和岗位的实际需求。每个部门和岗位的工作环境和任务往往存在显著差异，因此，设计流程时需要确保其灵活性和适应性。标准化流程并不是一成不变的，而是需要根据实际情况随时进行调整，以适应不同的工作环境和任务要求。通过这种方式，标准化流程设计能够更好地满足组织内部的多样化需求，并促进整体效能提升。

明确各个环节的责任和权限是标准化流程设计的关键步骤。这有助于促进团队协作和责任到位，确保每个员工都清楚自己的职责范围和权限界限。在标准化流程中，责任的明确划分可以有效地减少推诿现象，提高工作效率。此外，清晰的权限界定也有助于避免因权限不清导致工作冲突和效率低下，进而促进团队的整体协作。

标准化流程设计需要定期进行评估和更新，以便适应组织内部变化和外部环境的动态需求。随着市场环境和技术的不断变化，组织内部的流程也需要进行相应的调整和优化。通过定期评估和更新，标准化流程能够保持其有效性和适应性，确保组织在不断变化的环境中保持竞争力。这种动态的流程管理方式不仅提升了组织的灵活性，还增强了其应对外部挑战的能力。

（二）标准化操作规范

标准化操作规范是精细化管理的重要组成部分，通过制定明确的流程和标准，确保组织内各项工作的高效运行。标准化操作规范的制定应基于实际工作流程，确保流程设计符合组织的具体需求与实际情况。这样不仅能提高工作效率，还能减少因操作不当而导致的错误和损失。在实际操作中，标准化操作规范能够为员工提供明确的指导，使其在日常工作中有据可依，从而提升整体工作质量和组织效能。

每项标准化操作规范应明确责任分工，确保相关人员对各自职责有清晰的理解与执行标准。通过明确责任分工，组织能够在复杂的工作环境中厘清各个环节的责任，避免推诿和责任不清的情况出现。清晰的分工不仅有助于提高员工的工作积极性，还能有效提升团队协作的效率。在责任明确的前提下，员工能够更好地理解自身在组织中的角色和贡献，从而激发其工作热情和创造力。

标准化操作规范应包含详细的操作步骤和标准作业程序，以便员工能在不同情况下保持一致的工作质量。详细的步骤和程序能够为员工提供清晰的操作指南，帮助员工在面对不同工作情境时做出正确的判断和操作。通过标准化操作规范，组织能够在很大程度上降低因人为因素导致的质量波动，从而确保产品和服务的稳定性和可靠性。工作质量的一致性对于提升客户满意度和组织的市场竞争力至关重要。

在实施标准化操作规范时，应提供必要的培训与支持，确保员工能够熟练掌握并有效执行各项标准。培训是确保标准化操作规范得以有效实施的重要环节。通过系统的培训，员工能够熟悉并掌握新的操作规范和流程，从而在实际工作中运用得心应手。此外，组织还应建立持续的支持体系，帮助员工在遇到问题时能够及时获得帮助和指导。持续的支持体系不仅能提高员工的工作效率，还能增强其对组织的认同感和归属感。

（三）标准化质量控制

标准化质量控制是精细化管理的关键环节，其定义与重要性在于通过统一的质量标准来确保产品和服务的一致性与可靠性。这一原则的核心是建立一套明确的质量标准，使企业在生产和服务过程中能够保持稳定的输出。这不仅有助于提高客户满意度，还能有效降低因质量问题而导致的成本浪费。在国内外的管理实践中，标准化质量控制被视为提高企业竞争力的重要手段。通过对质量标准的严格执行，企业可以在市场中树立良好的品牌形象。

实施标准化质量控制的步骤是确保其有效性的基础。首先，需要制定科学合理的质量标准，这些标准应基于行业规范和企业自身的实际情况。其次，建立健全的监控机制，以便在生产和服务过程中实时监测质量的变化。最后，设置反馈渠道，通过收集和分析反馈信息，及时进行调整和改进。这些步骤的有机结合，能够确保质量管理的各个环节都在标准的框架内高效运行，从而实现精细化管理的目标。

在标准化质量控制中，选择合适的质量控制工具与方法至关重要。统计过程控制（SPC）和六西格玛是常用的两种工具，它们通过数据分析和流程优化来提升质量管理水平。SPC能够帮助企业识别生产过程中的变异，并采取措施进行调整，而六西格玛专注于减少缺陷和提高效率。质量控制工具的运用，不仅需要技术上的支持，还需要企业文化的配合，以便在全员范围内推行质量改进。

标准化质量控制的绩效评估是确保持续改进的关键。通过定期审核和数据分析，企业可以及时发现并纠正质量问题。绩效评估不仅包括对当前质量水平的评估，还涉及对改进措施效果的衡量。这一过程需要结合企业的战略目标，确保质量管理的改进方向与企业的发展方向保持一致。通过持续的绩效评估，以便企业能够在竞争激烈的市场中保持优势地位。

四、持续改进原则

（一）持续改进的实施步骤

持续改进的实施步骤是确保改进过程有效展开的基础。首先，明确的改进目标是持续改进的起点。每个改进项目都需要设定清晰的预期结果和衡量标准，不仅有助于指导项目的实施，还为后续的效果评估提供了依据。明确的目标能够确保各个环节的参与者对改进方向有统一的认识，从而在执行过程中减少不必要的偏差和资源浪费。

在持续改进过程中，定期绩效评估是不可或缺的环节。通过数据分析工具，可以实时监测改进措施的有效性，及时发现问题并调整策略。动态的评估机制能够帮助组织快速响应外部环境的变化，保持竞争优势。数据的收集和分析需要精准和全面，以确保评估结果的可靠性。通过对历史数据的对比分析，组织可以识别出改进措施的长期效果，并为未来的改进提供参考。

员工的参与和反馈是持续改进成功的另一个重要因素。建立开放的沟通渠道，鼓励员工积极分享意见和建议，可以帮助管理层更好地识别改进机会。由于一线员工直接接触生产和服务流程，往往能够提供更具实用价值的反馈。通过这种自下而上的信息流，组织能够更全面地了解实施改进措施的实际效果，并进行必要的调整。

为了确保持续改进能够深入组织的每一个层面，制订系统的培训计划是必要的。通过培训，提升员工的改进意识和能力，使员工具备识别问题和提出改进方案的能力。全员参与的模式，不仅能够激发员工的创新潜力，还能增强员工对组织目标的认同感和责任感。培训计划的制订应考虑不同岗位的职能差异，以便提供更具针对性的技能提升方案。

（二）持续改进的工具与方法

在现代管理实践中，持续改进原则是提高组织效率和竞争力的关键策略之一。为了有效实施这项原则，需要广泛应用各种工具和方法。其中，PDCA 循环、六西格玛、根本原因分析（RCA）、精益管理工具（如价值流图、5S 方法）等，均在全球范围内被证明是行之有效的。这些工具不仅强调过程的系统性思考与反馈，还通过精细化的管理手段，帮助组织在动态环境中保持灵活性和适应性。通过这些工具的应用，企业能够在不断变化的市场中识别改进机会，优化资源配置，从而实现可持续发展。

1. PDCA 循环

PDCA 循环（计划执行检查行动）是持续改进的核心工具之一，广泛应用于各类组织的管理实践。PDCA 循环由计划（Plan）、执行（Do）、检查（Check）、行动（Act）四个阶段组成，形成一个闭环的管理过程。在计划阶段，组织明确目标并制订详细的实施方案；执行阶段是将计划付诸实践；检查阶段是通过数据分析和反馈，评估执行效果；行动阶段是根据评估结果进行调整和优化。通过不断循环此过程，组织可以在每个阶段进行系统性思考和反馈，确保改进措施的有效性和持续性，从而在动态环境中保持长期的竞争优势。

2. 六西格玛

六西格玛是一种以数据为基础的管理策略，旨在通过识别和减少过程中的变异来提高产品和服务的质量。其核心是 DMAIC（定义、测量、分析、改进、控制）过程，通过严格的统计分析，识别影响质量的关键因素，并实施有针对性的改进措施。六西格玛强调以客户为中心，关注满足客户需求和提高客户满意度。通过减少缺陷和提高效率，组织能够显著降低成本，增加收益，并在市场竞争中占据有利地位。六西格玛不仅是一种技术工具，更是一种文化变革，推动组织在质量管理方面实现持续改进。

3. 根本原因分析

根本原因分析（RCA）是一种系统性的方法，用于识别和解决问题的根本原因，而不仅仅是其表面症状。通过深入分析，RCA 能够揭示问题背后的系统性因素，帮助组织避免同类问题的重复发生。RCA 通常采用多种技术，如鱼骨图、5 个为什么等，帮助团队从不同角度审视问题。通过 RCA，组织不仅能够实现问题的有效解决，还能通过经验积累和知识共享，推动整体管理水平的提升。RCA 的应用，不仅提高了问题解决效率，也为组织的持续改进提供了坚实的基础。

4. 精益管理工具

精益管理工具在现代企业管理中扮演着重要角色，其核心目标是消除浪费、优化流程、提高效率和质量。价值流图是一种用于识别和分析产品或服务从开始到交付的整个流程的工具，通过可视化流程和识别非增值活动，帮助组织优化资源配置。5S 方法通过整理、整顿、清扫、清洁、素养五个步骤，改善工作环境，提高员工的工作效率和安全性。这些工具的应用，不仅提高了组织的工作效率和产品质量，还为持续改进提供了坚实的支持，帮助企业在竞争激烈的市场中保持领先地位。

五、成本效益原则

（一）成本效益分析方法

成本效益分析方法在精细化管理中扮演着至关重要的角色。通过比较成本与收益，帮助管理者评估项目或决策的经济合理性。成本效益分析的基本定义强调了其核心在于识别和量化项目的成本与收益，以便管理者做出明智的决策。成本效益分析过程不仅涉及财务上的计算，还需要考虑项目对组织整体战略目标的贡献。成本效益分析方法要求管理者在决策时，不仅要关注短期的财务收益，还需要考虑长期的战略价值和潜在的风险因素。

定量分析方法是成本效益分析的核心工具之一，包括使用净现值、内部收益率等财务指标。这些指标提供了一个科学的框架，帮助决策者量化项目的经济效益。净现值通过折现未来现金流，帮助评估项目的当前价值。内部收益率则提供了一个项目收益率的标准，便于与其他投资机会比较。定量工具为管理者提供了一个客观的基础，使其能够在复杂的经济环境中作出理性的决策。

然而，定量分析方法并不能涵盖所有的评估维度，因此定性分析方法也显得尤为重要。定性分析强调对成本与效益的非财务因素进行评估，如客户满意度、员工士气等。这些因素虽然难以量化，但对项目的成功至关重要。通过定性分析，管理者能够更全面地理解项目的潜在影响，尤其在涉及组织文化和社会责任等方面，补充了定量分析的不足。

敏感性分析是一种重要的分析工具，通过探讨不同假设条件下成本和效益的变化，帮助识别关键因素对项目成功的影响。敏感性分析可以揭示哪些因素对项目的成功最为关键，从而指导管理者在不确定性条件下进行更为精准的决策。通过模拟不同的情景，敏感性分析使管理者能够预见可能的风险和机会，为项目的顺利实施提供保障。

生命周期成本分析进一步拓展了成本效益分析的范围，考虑项目在整个生命周期内的所有相关成本。生命周期成本分析不仅关注项目的初始投资，还包括运营、维护和最终处置成本。全面的评估方法确保了对长期效益与成本的全面理解，使组织能够在资源配置上更加精准，确保项目在其整个生命周期内都能实现最佳的经济效益。

（二）成本效益优化策略

在当今竞争激烈的市场环境下，企业必须在成本和效益之间寻求最佳平衡，以确保其长期可持续发展。成本效益优化策略在精细化管理中扮演着关键角色。

1. 实施精益管理原则

通过实施精益管理原则，企业能够识别并消除流程中的浪费，从而有效降低成本。精益管理不仅关注产品的最终质量，更强调在生产过程中减少不必要的环节和资源浪费，以提高整体效率。通过持续改进流程，企业可以在降低成本的同时提高生产效率，实现更高的经济效益。

2. 应用技术手段

应用技术手段是实现成本效益优化的重要策略。现代企业借助自动化技术，能够显著减少人工操作和人为错误，从而提高生产效率和产品质量。自动化技术不仅能降低运营成本，还能释放人力资源，使员工专注于更具创造性和价值的工作。通过引入先进的技术手段，企业可以在保证产品质量的前提下，缩短生产周期，提高市场响应速度，进而增强市场竞争力。

3. 建立绩效激励机制

建立绩效激励机制是激发员工参与成本效益优化的重要策略。通过设置合理的激励措施，鼓励员工积极提出成本节约建议，营造全员参与的企业氛围。员工作为企业运营的直接参与者，往往能够发现管理层未能察觉的潜在问题和改进机会。通过绩效激励机制，不仅能提高员工的工作积极性，还能为企业带来切实的成本节约和效益提升，形成良性循环。

4. 优化供应链管理

优化供应链管理是实现成本效益最大化的关键环节。通过与供应商建立长期合作关系，企业可以通过规模效应降低采购成本，增强供应链的稳定性和灵活性。与供应商紧密合作，不仅能确保原材料及时供应，还能在价格谈判中获得更大的优势。优化供应链管理，不仅能提高企业的整体效益，还能增强企业在市场中的竞争力和抗风险能力。

（三）成本效益评估标准

成本效益评估标准在精细化管理中扮演着关键角色，其核心在于明确项目的经济目标。评估标准应包括预期的收益和成本控制指标，以确保评估的针对性和有效性。通过设定明确的经济目标，管理者可以更好地指导资源配置和决策过程，确保项目的每一步都朝着既定的方向前进。这不仅要求对财务数据的精确分析，还需结合项目的整体战略方向，以实现经济效益的最大化。

在制定成本效益评估标准时，必须综合考虑定量与定性因素。财务指标如投资回报率（ROI）是评估的核心，但同样重要的是客户满意度、市场响应等非财务指标。多维度的评估方式有助于全面了解项目的整体效益，确保不仅在经济上取得成功，同时在市场和客户层面也能实现预期目标。综合评估方法能够帮助企业在复杂的市场环境中保持竞争优势。

评估标准的设定还应明确时间框架，规定评估的周期性。通过对项目实施后的短期效益与长期效益进行对比，管理者可以进行动态监测和调整。时间上的规划不仅有助于识别项目在不同阶段的效益变化，还能为未来的决策提供重要参考。通过周期性评估，企业可以及时调整策略，以应对市场变化和内部资源的重新分配，确保项目持续成功。

为了确保成本效益评估的科学性和可信度，评估标准需建立在可靠的数据基础上。数据的准确性和一致性是支持评估结果的关键，只有在可靠的数据支持下，评估结果才能为决策提供坚实的依据。数据的收集和分析应当遵循严谨的科学方法，以避免误导性结论的产生。通过对数据的深入分析，企业可以更好地理解项目的实际效益，从而作出更为明智的决策。

第三节　精细化管理在建筑工程中的适用性

一、建筑工程项目的复杂性与精细化管理的匹配

（一）项目复杂性分析

建筑工程项目的复杂性是其管理难度的核心来源，精细化管理在此环境中显得尤为必要。建筑工程项目通常涉及多个利益相关者，包括业主、承包商、分包商、设计师和监管机构。这些不同的角色在项目中各自承担不同的责任和任务，导致沟通和协调的复杂性显著增加。为了确保各参与方在项目中的目标保持一致性，精细化管理通过建立高效的沟通机制和协调平台，促进信息的透明和共享，从而减少误解和冲突。

在技术层面，建筑工程项目的要求和规范多样化，涵盖多个专业领域，如结构、机电、环保等。每个领域都有其独特的技术标准和操作流程，要求项目管理者具备广泛的专业知识和协调能力。精细化管理通过细致的计划和分工，将各个专业领域的工作有机地结合在一起，确保各专业团队之间的协调一致，避免因技术不协调而导致项目延误或质量问题。

时间限制和进度要求是建筑工程项目管理中的一个重要挑战。项目通常设有严格的时间表，任何环节的延误都可能影响整体项目的交付。精细化管理通过详细的进度计划和实时的进度监控，帮助项目管理者及时发现潜在的延误风险，并采取有效措施进行调整，以优化进度控制，确保项目按时完成。

此外，建筑工程项目的现场施工环境复杂多变，可能受到天气、地质等外部因素的影响，这些不可控因素增加了项目管理的难度和风险。精细化管理通过建立灵活的施工方案和应急预案，能够在环境变化时迅速调整施工计划，降低风险，并减少对项目进度和质量的影响。通过精细化管理，建筑工程项目能够更好地应对复杂性带来的挑战，实现高效、优质的项目交付。

（二）精细化管理适配性

精细化管理在建筑工程中的适配性体现为其通过数据分析技术的应用，能够实时监控建筑工程的进度和质量。建筑工程项目由于其规模庞大、工序复杂，常常面临着进度滞后和质量问题。精细化管理通过对施工现场的各类数据进行采集和分析，能够及时发现潜在的问题。实时监控不仅有助于及时调整施工计划，优化资源配置，还能够预防重大质量事故发生，确保项目按时交付。通过数据化的手段，精细化管理为建筑工程管理提供了科学的依据，提升了项目管理的精准度和可靠性。

精细化管理强调跨部门协作，能够有效整合设计、施工和监理等各方资源。在建筑工程项目中，设计、施工和监理等环节往往各自为政，缺乏有效的沟通和协作，导致资源浪费和效率低下。精细化管理通过建立信息共享平台和协作机制，打破各部门之间的信息壁垒，实现资源的高效整合和利用。跨部门协作不仅提升了项目的整体效率和协调性，还促进了各方之间的理解与合作，形成了一个有机整体，为项目的成功实施提供了保障。

精细化管理注重细节和标准化，能够在建筑工程中确保施工过程的规范性。建筑工程的施工过程复杂多变，稍有不慎就可能导致质量问题和返工，精细化管理通过制定详细的标准和规范，对施工的每一个环节进行严格控制，确保施工过程的规范性。通过关注细节，精细化管理不仅提高了工程质量，还有效降低了返工率，节约了成本。关注细节和标准化的管理方式，使建筑工程的质量得到了显著提升，项目的成功率大大提高。

精细化管理通过对客户需求的精准把握，能够在建筑工程中更好地满足客户的期望。在建筑工程项目中，客户的需求和期望常常是多样化和个性化的。精细化管理通过对客户需求的深入了解和分析，能够在项目的各个阶段精准把握客户的期望，从而在设计、施工和交付等环节更好地满足客户的要求。对客户需求的精准把握，不仅提高了客户的满意度，还增强了项目的市场竞争力，使建筑工程项目在激烈的市场竞争中脱颖而出，取得更大的成功。

二、精细化管理在建筑工程环境管理中的贡献

（一）环境管理标准化

环境管理标准化是指在建筑工程中，通过制定统一的流程和标准来指导和规范环境管理活动，以提高环境保护的效果。其重要性体现在多个方面。首先，标准化的环境管理能够减少因个人或团队差异导致的管理不一致性，确保每个项目环节都能达到预期的环境保护效果。其次，统一的标准有助于提高管理效率，减少资源浪费，并降低环境风险。最后，标准化的管理流程能够为项目参与者提供明确的指导，减少沟通误差，增强协作效率。通过环境管理标准化，建筑工程不仅可以提高自身的环境管理水平，还能为行业树立良好的环保形象，增强企业的社会责任感。

实施环境管理标准化需要系统的步骤和方法。首先，制订详尽的环境管理计划是关键。环境管理计划应包括项目的环境目标、预期效果以及具体的管理措施。其次，明确责任分工是确保环境管理计划执行的基础。每个参与者的职责和权限必须清晰，以避免责任不清导致的管理漏洞。最后，建立有效的监测机制是保障措施执行的重要手段。通过定期监测和数据收集，可以及时掌握环境管理的实施情况，并根据实际需要进行调整和优化。只有通过系统的计划、清晰的分工和有效的监测，才能确保环境管理标准化措施的有效执行，进而实现预期的环境保护目标。

在环境管理标准化中，监控与评估机制是确保其有效性的重要环节。定期检查是关键，通过现场检查和数据收集，可以及时发现环境管理中的问题和不足之处。数据分析是对检查结果的深入解读，通过对环境指标的分析，可以识别出潜在的环境风险和改进空间。评估机制不仅要关注当前的管理效果，还要注重持续改进。通过反馈和实施改进措施，能够不断优化环境管理流程，提高管理水平。此外，评估结果应及时反馈给相关责任人，以便快速采取纠正措施，确保环境管理的持续有效性。

环境管理标准化与法规的结合是确保建筑工程合法性和社会责任感的关键。标准化的环境管理流程必须严格遵循国家和地方的法律法规，以确保项目的合规性。通过与法规的紧密结合，环境管理标准化能够有效减少法律风险，提高项目合法性。同时，环境管理标准化与法规的结合也有助于提高企业的社会责任感，增强公众的信任和支持。企业在实施环境管理标准化时，应定期更新和审查其管理标准，以确保其始终符合最新的法律法规要求。通过这种方式，建筑工程不仅可以实现环境管理的高效和合规，还能为社会的可持续发展贡献力量。

（二）环境影响评估优化

环境影响评估优化的基本框架包括明确评估的范围、目标和方法，以确保对建筑项目潜在环境影响的全面分析。通过系统地识别和评估建筑工程可能对环境造成的影响，能够为项目的设计和实施提供科学依据。通常，环境影响评估的范围涵盖项目建设和运营阶段的各个方面，目标在于识别和减少潜在的负面环境影响，同时实现项目的正面效益最大化。在方法上，环境影响评估需要结合定量与定性分析，确保评估结果的全面性和可靠性。

在精细化管理框架下，采用定量与定性相结合的方法来评估建筑工程对环境的具体影响，是提升环境管理效果的关键。定量分析通过数据收集和模型计算，对空气质量、水资源、土壤和生态系统等方面的影响进行精确测量。定性分析通过专家评估和利益相关者的意见，补充定量分析的不足之处。两者结合，能够提供更为全面和准确的评估结果，为管理决策提供坚实的基础。通过定量与定性相结合的方法，建筑工程的环境影响评估不仅仅是对现状的分析，更是对未来风险的预测与管理。

动态监测机制的建立是精细化管理在环境影响评估中又一个重要贡献。动态监测能够实时跟踪建筑工程实施过程中的环境影响变化，及时调整管理措施以降低负面影响。动态监测不仅仅是对环境数据的收集与分析，更是对管理策略的实时反馈与优化。通过动态监测机制，管理者可以在项目实施的各个阶段，灵活调整策略，以应对环境的变化。这种实时、动态的管理方式，极大地提高了环境管理的效率和效果，确保建筑工程可持续发展。

加强利益相关者的参与是优化环境影响评估过程中的重要环节。精细化管理强调在环境影响评估过程中充分考虑各方意见，以提高评估结果的科学性和可接受性。通过建立多方参与的沟通机制，管理者可以更好地理解不同利益相关者的关注点和期望，从而在评估和决策过程中，综合各方意见，制订更加合理和可行的环境管理方案。这不仅提高了评估的科学性，也增强了管理措施的可接受性和实施效果，促进了建筑工程可持续发展。

三、精细化管理对建筑工程资源优化配置的支持

（一）资源配置精细化

通过精细化管理，建筑工程项目能够实现资源的合理配置，避免不必要的资源浪费和闲置。这一过程涉及对资源需求的准确预测，确保资源能够在适当的时间和地点得到有效利用。精细化管理通过对项目各个阶段的详细规划和严格控制，确保资源的分配符合项目的实际需求，进而提升项目的整体效益。

1. 资源需求预测的准确性

资源需求预测的准确性是精细化管理的核心，通过先进的数据分析与建模技术，建筑工程项目能够实现对所需资源的精准评估。项目管理者通过对历史数据的分析和对未来需求的预测，可以有效地降低资源闲置和浪费的风险。数据驱动的方法不仅提高了资源配置的效率，还为项目的顺利进行提供了坚实的保障。项目团队通过精确的需求预测，可以在资源供应和需求之间找到最佳平衡，从而实现资源的最优配置。

2. 资源配置的灵活性

由于项目进展和外部环境的变化，资源需求往往会发生变化。精细化管理通过动态调整资源分配策略，确保资源能够及时响应施工现场的实际需求。资源配置的灵活性不仅有助于提高施工效率，还能有效地应对突发状况，减少因资源不足或过剩而导致的项目延误。这一特性使精细化管理在建筑工程中具有极高的适用性。

3. 跨部门资源整合

跨部门资源整合是实现资源高效利用的重要手段。在建筑工程项目中，设计、施工、监理等各个环节需要密切协作。精细化管理通过促进各部门之间的协作，确保资源在各个环节得到充分利用。通过建立有效的沟通机制和协作平台，各部门可以实时共享资源信息，避免资源的重复使用和浪费。跨部门资源整合不仅提升了项目的整体效率，还增强了各方的责任意识和协作能力。

4. 资源使用的透明性

通过建立信息共享平台，项目的各相关方能够实时获取资源使用情况。资源使用的透明性不仅提高了管理效率，还增强了各方的责任意识。在信息共享环境下，项目管理者能够更好地监控资源使用情况，及时发现问题并采取相应措施。透明化的管理方式为建筑工程项目的顺利实施提供了有力支持。

（二）资源利用效率提升

在建筑工程项目中，资源利用效率的提升依赖实时数据监控，确保各项资源的使用情况能够及时反馈，以便快速调整和优化配置策略。在传统的建筑工程项目管理中，资源使用的监控往往依赖人工记录和定期盘点，这种方式不仅效率低下，而且容易出现延迟和误差。通过引入实时数据监控系统，可以实现对资源使用的动态跟踪和实时反馈，从而为管理者提供更为准确的决策依据。数据驱动的管理方式能够显著提升资源利用的透明度和效率，使资源配置更加科学和合理。

为了进一步提高资源利用的精准度和效率，建筑工程项目中引入了先进的技术手段，如建筑信息模型（BIM）技术和物联网（IoT）技术。BIM技术通过构建数字化的建筑模型，使资源的规划和管理更加直观和精确。BIM技术不仅可以模拟建筑物的全生命周期，还能进行资源的虚拟配置和优化。而IoT技术通过将设备和资源链接到网络，实现对其运行状态的实时监控和管理。BIM技术和IoT技术的结合应用，使建筑工程的资源管理从传统的静态管理转变为动态的智能化管理，极大地提高了资源利用效率。

实施绩效考核机制是提升资源利用效率的重要手段。通过定期评估资源使用的效果和效率，能够激励各部门在资源配置中追求更高的效益。绩效考核不仅关注资源的消耗量，还注重资源使用的产出效果。通过设定明确的考核指标和目标，可以有效地促进各部门在资源管理中不断优化策略，提高资源的使用效益。同时，绩效考核结果也为管理层提供了重要的反馈信息，有助于进一步优化资源配置方案。

此外，加强员工培训与意识提升也是确保资源高效利用的关键。每位员工都需要理解资源优化的重要性，并在日常工作中自觉推动资源的高效利用。通过系统培训和宣传，提高员工的资源管理意识，使其在工作中能够主动识别和消除资源浪费现象。同时，建立资源管理奖惩机制，鼓励员工积极参与资源优化活动。自下而上的管理方式，不仅能够提高资源利用效率，还能形成全员参与的资源管理文化，为建筑工程项目的精细化管理提供坚实的基础。

四、精细化管理在建筑工程风险控制中的作用

（一）风险识别与评估

在建筑工程项目中，风险识别与评估是确保项目成功的关键环节。风险识别是指在项目的各个阶段中，系统地发现和记录可能影响项目目标实现的不确定因素。其重要性在于，及时识别潜在风险是预防问题发生的前提，能够为项目管理提供预警信息，促使管理者提前制定应对策略，减少风险对项目的负面影响。特别是在建筑工程项目中，项目的复杂性和外部环境的多变性使风险识别尤为重要。因此，精细化管理强调在项目初期及实施过程中对风险进行持续的识别和监控，以保障项目顺利进行。

风险评估是对已识别风险进行分析和量化的过程，目的是全面评估风险对项目进度、成本和质量的影响。评估方法包括定性分析和定量分析两种技术。定性分析通过专家判断和经验评估风险的可能性和影响程度，而定量分析利用数学模型和统计方法对风险进行具体的测算和预测。两者结合使用，可以为项目管理者提供更为准确和详尽的风险评估结果，从而支持管理者的决策制定。通过精细化的风险评估，项目管理团队能够更好地理解风险的性质和潜在后果，为风险应对措施的选择和资源的合理配置奠定坚实的基础。

建立风险识别与评估流程是确保风险管理有效性的关键，该流程包括风险识别、风险分析、风险评估、风险应对和风险监控等环节。为了提高风险识别的全面性和准确性，各利益相关者的参与是必不可少的。项目的设计人员、施工人员、管理人员以及外部专家共同参与风险识别与评估，能够提供多角度的风险信息，增加识别的全面性。同时，各利益相关者的参与也能增强风险管理措施的可行性和实施效果，确保项目在各个阶段都

能有效地应对风险。

利用数据分析工具进行风险监控是精细化管理的重要组成部分。现代建筑工程项目管理常常依赖信息技术，通过数据分析工具，项目管理者可以实时跟踪项目进展中的风险变化。数据分析工具能够自动收集和分析项目相关数据，识别潜在的风险信号，提示项目管理者及时调整管理策略，以降低风险对项目的影响。通过实时的风险监控，管理者能够更加灵活地应对项目中的不确定性，确保项目的安全性、经济性和质量的稳定性。数据分析工具的应用不仅提高了风险管理的效率，也为项目的精细化管理提供了坚实的技术支持。

（二）风险应对策略

1. 基于全面的风险评估

在建筑工程项目中，风险应对策略的制定应基于全面的风险评估，确保所有潜在风险都被识别并分类，以便制定相应的应对措施。全面的风险评估可以帮助管理者了解项目可能面临的各种风险，包括技术、经济、环境和社会等方面的因素。通过对这些风险进行详细分析和分类，管理者可以更有针对性地制定应对策略，从而提高风险管理的效率和效果。

2. 采取预防性措施

通过培训和提升员工的风险意识，可以有效地减少风险发生的可能性，从而降低潜在的损失。培训不仅包括对员工进行风险识别和应对技能的教育，还包括提高员工对项目整体风险的理解和认知。全面的培训有助于在项目的各个环节中建立起一种风险意识文化，使每个员工都能够主动参与风险管理，从而形成有效的风险防控网络。

3. 建立应急响应计划

应急响应计划的核心在于确保风险事件发生时，团队能够迅速有效地采取行动，减少对项目进度和成本的影响。一个完善的应急响应计划应包括明确的责任分工、详细的应急步骤以及有效的沟通机制。通过定期进行应急演练，可以提高团队在真实风险事件中的反应速度和协调能力，确保在突发事件中将损失降至最低。

4. 实施风险转移策略

通过保险或合同条款，将部分风险转移给第三方，可以显著降低项目承担的风险负担。在建筑工程项目中，风险转移策略通常涉及与保险公司合作，为项目投保适当的保险产品，或在合同中明确规定风险责任的分配。此外，选择合适的分包商和供应商，并在合同中明确其风险管理责任，也是一种有效的风险转移方式。风险转移策略不仅能够保障项目的顺利进行，还可以提高项目的整体抗风险能力。

五、精细化管理对建筑工程施工安全的保障

（一）安全管理体系

1. 基于风险评估

安全管理体系的核心在于通过系统化、规范化的管理手段，确保施工现场安全。安全管理体系的构建应基于风险评估，识别并明确潜在的安全隐患。通过科学方法对施工过程中可能出现的风险进行分析和评估，能够有效地制定相应的防控措施。在建筑工程项目中，明确潜在的安全隐患，并制定预防和控制措施，是保障施工现场安全的首要任务。这不仅能够降低事故发生的概率，还能为施工团队提供一个安全的工作环境，从而提高建筑工程的整体质量和效率。

2. 建立安全培训机制

定期对员工进行安全知识和技能的培训，是提高全员安全意识和应对突发事件能力的关键。通过系统化的培训，员工能够更好地理解施工过程中可能存在的安全风险，并掌握必要的安全操作技能。在面对突发事件时，经过培训的员工能够冷静、迅速地作出正确的反应，从而有效地降低

事故造成的损失。此外，安全培训还可以促进员工之间的沟通与合作，增强团队的凝聚力和应变能力，为施工现场的安全管理提供坚实的基础。

3. 实施安全监控系统

通过先进的技术手段，实时监测施工现场的安全状况，可以及时发现并处理安全隐患。实时监控不仅能够提高施工过程的安全性，还能为管理者提供准确的决策依据。安全监控系统的应用，使施工现场的管理更加透明和高效，有助于及时纠正不规范的操作行为，防止安全事故的发生。通过对施工现场的全方位监控，管理者能够更好地掌控施工进度和建筑工程质量，确保工程按时、按质完成。

4. 制定应急预案

在施工过程中，尽管采取了多种安全措施，但仍然可能发生意外事故。因此，制定详细的应急预案，明确事故发生时的应对流程和责任分工，是确保团队能够迅速有效应对安全事故的关键。应急预案的制定需要考虑施工现场的具体情况，并结合实际操作中的经验教训。通过模拟演练和定期更新，应急预案可以不断完善，从而在事故发生时，最大限度地降低损失，保障人员安全和工程顺利进行。

（二）安全隐患排查

安全隐患排查是建筑工程施工安全管理中的关键环节，通过精细化管理的手段可以有效提升排查的全面性和有效性。在精细化管理框架下，安全隐患排查需要制订系统化的流程，包括制订详细的检查计划、明确检查内容和责任分工。系统化流程的制定可以确保排查工作不留死角，减少人为因素导致的疏漏。同时，责任分工的明确也使每个参与者都能清楚自己的职责所在，从而提高排查工作的效率。

在建筑工程项目中，利用先进的技术手段进行安全隐患的排查已成为趋势。无人机和传感器等高科技设备的应用，使施工现场的实时监测成为可能。这些技术手段能够使相关人员在第一时间发现潜在的安全隐患，极大地提升排查的效率和准确性。例如，无人机可以快速覆盖大面积的施工现场，捕捉到人眼难以察觉的细节，而传感器可以实时监测施工环境中的物理变化，及时预警可能的危险。先进技术的应用，不仅提高了排查效率，还为施工安全提供了更高的保障。

建立安全隐患排查的记录与反馈机制是精细化管理的重要组成部分。每次排查的结果都应有详细的记录，并及时反馈给相关责任人。记录与反馈机制不仅确保了排查工作的透明度和可追溯性，还为后续的整改和跟踪提供了依据。通过记录与反馈，管理层可以随时掌握施工现场的安全状况，快速做出决策，避免安全事故发生。同时，反馈机制也促使责任人对排查结果负责，推动整改措施的落实。

定期组织安全隐患排查培训是提高员工安全意识和排查能力的有效途径。在精细化管理的框架下，培训不仅是知识的传授，更是安全文化的建设。通过培训，员工能够掌握最新的安全知识和排查技能，增强其主动识别和报告潜在安全隐患的能力。同时，培训还可以促进全员参与安全文化的形成，使每位员工都成为安全管理的参与者和推动者。全员参与的安全文化，不仅提高了整体的安全管理水平，也为建筑工程项目的安全施工提供了坚实的保障。

第二章

精细化管理在建筑工程建设中的价值

第一节　精细化管理对建筑工程质量的影响

一、精细化管理提升质量标准明确性

（一）质量标准的细化

精细化管理在建筑工程中通过细化质量标准，确保施工过程中的每一个环节都有据可依，显著降低了质量隐患的发生率。明确的质量标准不仅为施工人员提供了清晰的操作指引，还为工程管理者提供了有效的监督依据。在精细化管理的框架下，施工中的每一个细节都被量化和标准化，细化的标准为质量控制奠定了坚实的基础。通过细化质量标准，施工过程中可能出现的质量隐患得以提前识别和规避，从而提高建筑工程整体的质量水平。

细化质量标准的一个重要作用在于建立科学的评估体系，使质量检查更加精准和客观。传统的质量检查往往依赖检查人员的经验和主观判断，而精细化管理通过量化指标和标准化流程，将质量检查转变为一种科学的评估活动。这种转变不仅提高了质量检查的准确性，还减少了人为因素的

干扰。通过科学的评估体系，工程质量得以更为客观地呈现，为后续的改进提供了可靠的数据支持。

通过对质量标准的细化，能够明确责任分工，提升各参与方对质量的重视程度。在精细化管理的模式下，质量标准的细化使各个施工环节的责任更加明确，各参与方都能清晰地了解自己的职责和任务。明确的责任分工促使各方在施工过程中更加关注质量问题，并积极采取措施进行改进。责任的明确不仅提高了施工人员的质量意识，也促进了各参与方之间的协作与沟通。

精细化管理促进了信息透明化，使各参与方能够实时了解质量标准的执行情况，从而及时调整和改进。在信息化技术支持下，精细化管理通过信息系统实现了质量标准执行情况实时监控，各参与方可以随时获取最新的质量信息。信息透明化的管理方式不仅提高了施工效率，还使质量问题能够在第一时间被发现和解决。通过实时的信息反馈，施工各参与方能够及时调整施工策略，确保工程质量始终处于受控状态。

（二）质量标准的统一

1. 确保工序协调一致

在建筑工程中，通过统一质量标准，各个施工环节能够减少误差，确保工序间的协调性和一致性。统一的标准不仅为施工提供了明确的指导，也为各参与方沟通奠定了基础。标准化的实施使得各参与方能够在同一框架下工作，减少了因标准不一致而导致的争议和误解。统一性在大型项目中尤为重要，因为统一性能够避免因各部门间的标准差异而造成的施工延误和质量问题。

2. 提升参与者沟通效率

统一质量标准的实施显著提升了项目参与方之间的沟通效率。在建筑工程中，各参与方通常包括设计、施工、监理及业主等多个角色。统一质量标准使各参与方在沟通时有了共同语言，大大减少了因标准不一致而产生的解释成本和沟通障碍。统一质量标准不仅有助于提高项目的整体效率，还有助于在项目的不同阶段，保证信息传递的准确性和及时性，避免因信息不对称而影响工程进度和质量。

3. 提供管理共同依据

统一质量标准为项目管理提供了一个共同依据，在项目评估和审计中尤为重要。通过统一标准，项目的质量评估可以更加客观和公正。评估者可以依据统一标准进行检查和评价，而不必担心因标准不一致而产生的偏差。统一标准的客观性不仅有助于保证项目的质量，也为项目的后续改进提供了明确的方向和依据。尤其在审计过程中，统一标准能够减少审计的复杂性，提高审计的效率和准确性。

4. 增强客户信任感

实施统一质量标准能够增强客户信任感，提升企业在市场中的竞争力和信誉度。建筑工程的质量直接影响客户的满意度，而统一质量标准是保证质量的重要手段。通过标准化管理，企业能够更好地控制工程质量，从而提升客户的信任感和满意度。同时，市场竞争日益激烈，企业通过实施统一质量标准，能够在市场中树立良好的品牌形象和信誉度，这对于企业的长期发展具有重要意义。

二、精细化管理强化质量控制流程

（一）质量控制节点设置

在建筑工程中，设定关键质量控制节点的目的是在施工过程中对重要环节进行实时监测和评估。通过实时监测和评估，施工团队能够及时发现潜在问题，并迅速采取纠正措施，防止问题扩大化。质量控制节点的有效设置，不仅提高了施工质量的稳定性，还为项目的顺利推进提供了保障。

为了确保质量控制节点的有效性，必须建立明确的责任分配机制。每个节点都应指定专门的负责人，明确其在质量控制过程中的职责。责任分配机制能够增强各参与方对质量控制的责任感和执行力，确保每个环节都能得到充分重视。责任分配不仅是管理的需要，更是提升团队整体质量意识的重要方式。此外，制定质量控制节点的检查标准和流程，使每个节点的质量评估具有可操作性和可重复性。这些标准和流程不仅为施工团队提供了明确的操作指南，还通过规范化的检查手段提升了整体管理效率。标准化的质量控制流程能够减少人为因素对质量评估的影响，确保每次检查结果的可靠性和一致性。

随着信息技术的迅猛发展，利用信息技术手段对质量控制节点进行数据采集与分析成为可能。通过信息化手段，施工质量的动态监控与反馈得以实现。施工过程中产生的大量数据可以通过信息系统进行实时分析，帮助管理者做出更为科学的决策。动态监控机制促进了施工质量的持续改进，使建筑工程的质量管理进入更加精细化的阶段。

（二）质量控制流程优化

在建筑工程中，通过优化质量控制流程，可以确保建筑工程的每个环节都在高标准下进行，从而提升整体工程质量。优化质量控制流程的关键在于建立标准化的操作流程。标准化不仅包括为每个施工环节编制明确的指导文件，还需要制作详细的流程图，以便施工人员参照执行。这样可以有效地减少由于人为失误导致的质量问题，确保工程的每个步骤都能按照既定标准顺利进行。

信息化管理工具的引入是优化质量控制流程的又一个重要措施。通过软件系统，施工现场的质量控制数据可以被实时跟踪和记录。这种数据管理方式不仅提升了数据的透明度，也增强了数据的可追溯性，使施工过程中出现的任何质量问题都能被快速定位和解决。信息化工具的使用还可以为管理者提供及时的决策支持，提高管理效率。

为了确保质量控制流程的持续优化，定期对流程进行评估与审查是必不可少的。这一过程有助于识别流程中的不足之处，并根据项目的需求和技术的进步进行及时更新和调整。通过动态的优化机制，可以保证质量控制流程始终处于最佳状态，以适应不断变化的工程环境和技术要求。

此外，加强员工培训也是优化质量控制流程的重要一环。通过系统的培训，员工能够更好地理解并执行质量控制流程，提升其参与质量管理的能力。使每位员工都能有效参与质量管理，不仅能提升施工现场的整体质量水平，也能增强员工的责任感和提高员工的工作积极性，从而为建筑工程的高质量完成提供坚实的人力保障。

三、精细化管理促进质量监管实效性

（一）质量监管机制完善

1. 建立多层次质量监管体系

在建筑工程中，精细化管理的核心在于不断完善质量监管机制。通过建立多层次的质量监管体系，可以确保各级管理人员对质量问题及时反馈与处理。多层次的体系不仅依赖传统的管理结构，还需要在各个层级之间形成有效的信息传递机制，以便在问题出现时能够迅速响应和解决。信息传递机制的有效性在于其能够将现场的质量问题迅速传递至决策层，确保问题能够在最短的时间内得到处理，避免由于信息滞后而导致质量隐患。

2. 引入第三方质量监管机构

为了增强项目的独立性与公正性，引入第三方质量监管机构成为一种有效的手段。第三方质量监管机构能够提供客观的质量评估，避免内部监管可能带来的偏差和盲点。第三方质量监管机构的介入不仅提高了质量监管的客观性和权威性，还能为项目的各个利益相关方提供一个公正的质量保证。通过引入第三方质量监管机构，建筑项目的质量问题能够得到更为全面和深入的分析，确保施工过程中的每一个环节都能达到预期的质量标准。

3. 定期开展质量管理培训

定期开展质量管理培训是提升监管人员专业素养和责任意识的重要途

径。通过系统培训，监管人员能够掌握最新的质量管理知识和技术，增强其在实际工作中识别和处理质量问题的能力。培训不仅仅是知识的传递，更是责任意识的培养，使监管人员能够在工作中时刻保持警惕，确保施工质量的稳定和提升。在培训过程中，案例分析的应用能够帮助监管人员更好地理解和应用所学知识，将理论与实践紧密结合。

4. 应用现代信息技术手段

现代信息技术手段的应用为质量监管带来了革命性的变化。通过实施实时质量监控系统，建筑工程的质量监管能够实现动态监控与数据分析，能够实时捕捉施工现场的质量数据，并通过数据分析提供决策支持，帮助管理人员及时发现和解决潜在的质量问题。实时质量监控不仅提高了监管效率，还为施工现场的质量管理提供了科学依据，使质量监管更加精准和高效。通过现代信息技术手段，建筑工程的质量管理能够实现从经验管理向数据驱动管理的转变，进一步提升建筑工程的质量水平。

（二）质量问题反馈与改进

在建筑工程建设中，精细化管理的应用对于提升工程质量具有重要的意义。质量问题反馈与改进作为精细化管理的重要组成部分，对确保施工现场的质量问题能够及时上报和处理，形成闭环管理起到了关键作用。通过建立有效的质量问题反馈机制，施工现场的各类质量问题可以在第一时间被发现和记录，避免问题积累和扩大。质量问题反馈机制不仅要求施工人员在发现问题时能够迅速反应，还需要管理层及时介入，确保问题得到及时而有效的解决，从而提升整体工程质量。

为了进一步提高质量管理的实效性，定期组织质量问题分析会议显得尤为重要。在会议中，各级管理人员和技术人员能够汇总施工过程中出现的质量问题，深入探讨其根本原因，并提出切实可行的改进措施。通过这样的集体讨论，能够有效地促进持续改进，避免同类问题再次发生。同时，质量问题分析会议也为各部门之间的沟通提供了平台，有助于信息共享和经验积累，提升整体质量管理水平。

除了会议讨论外，实施质量问题追踪系统也是精细化管理的重要手段。通过对已处理的质量问题进行跟踪验证，可以确保改进措施的有效性，防止类似问题再次发生。质量问题追踪系统的核心在于对每一个质量问题的处理过程进行详细记录，并在后续施工中进行验证。质量问题追踪不仅能够确保问题彻底解决，还可以为未来的施工提供宝贵的数据支持，形成一个动态的质量管理数据库。

为了充分发挥质量问题反馈机制的作用，鼓励员工参与质量反馈是必不可少的。建立激励机制，能够有效提升员工的责任感和参与度，使每位员工都成为质量管理的一分子。通过对积极参与质量反馈的员工给予奖励，可以形成全员关注质量的良好氛围，进一步推动质量管理的精细化发展。自下而上的反馈机制，不仅能够及时发现和解决问题，还能够促进员工的自我提升和团队的整体进步。

四、精细化管理在材料质量控制中的应用

（一）材料质量检测标准

在建筑工程中，材料质量的优劣直接影响工程的整体质量和安全性。因此，建立严格的材料质量检测标准是精细化管理的重要组成部分。

首先，建立材料质量检测的标准化流程是确保所有材料在进场前经过统一检测程序的关键步骤。材料质量检测的标准化流程不仅提升了检测效率和准确性，也为后续的质量控制提供了可靠的基础。通过系统化的检测流程，工程管理者能够迅速识别并排除不合格材料，从而减少发生工程质量问题。

其次，制定材料质量检测的具体指标是一个重要环节。具体指标包括材料的物理性能、化学成分及耐久性等，这些指标的设定需要严格依据设计要求和使用标准，以确保材料在实际应用中能够满足预期的性能需求。通过明确的质量检测指标，工程项目能够更好地控制材料质量，避免因材

料不达标而引发工程质量隐患。

再次，随着科技的进步，先进的检测技术和设备被引入到材料质量检测中，如非破坏性检测和自动化检测系统。这些技术的应用大大提高了材料质量检测的精度和效率。非破坏性检测技术能够在不损坏材料的前提下获得其内部结构和性能信息，而自动化检测系统则通过高效的数据处理能力，快速提供检测结果。以上技术的结合，使得材料质量检测更加全面和可靠。

最后，建立材料质量检测记录和追溯系统是精细化管理的核心要求之一。通过详细的检测记录和可追溯系统，工程管理者可以随时查阅每批材料的检测结果，确保材料质量问题能够在第一时间被发现和解决。材料质量检测记录和追溯系统不仅提高了质量控制的透明度，也为工程的长期质量管理提供了数据支持，便于后续的质量分析和问题处理。

通过以上措施，精细化管理在材料质量控制中的应用取得了良好的效果，显著提升了建筑工程的整体质量水平。

（二）材料供应链管理

通过建立材料供应商评估体系，能够从源头上保障材料质量。供应商评估体系不仅要求严格审核供应商的资质，还需考察其市场信誉和历史业绩。选择具备可靠资质和良好信誉的供应商，能够有效降低材料质量风险，确保建设项目顺利进行。供应商评估体系的建立，是精细化管理理念在材料供应链中的具体体现，强调从源头把控质量，以预防为主，减少后期可能出现的质量问题。

实施供应链协同管理是提升材料供应效率的重要手段。通过与供应商紧密合作，建筑企业可以优化材料采购计划，合理安排采购时间和批次，从而降低库存成本。协同管理不仅提高了材料供应的及时性，还能有效应对市场波动带来的不确定性。通过这种方式，建筑企业与供应商形成一个紧密的合作网络，实现了资源的最优配置。供应链协同不仅是对传统供应链管理的优化，也是精细化管理在建筑工程中的创新应用。

信息化管理系统的引入，为材料供应链的透明度和可追溯性提供了技术支持。通过信息化系统，建筑企业可以实时跟踪材料的采购、运输和使用情况，确保每一批材料的流转都有据可查。透明化管理不仅提高了供应链的运作效率，还为材料质量问题的追溯提供了依据。信息化管理的应用，是精细化管理在现代建筑工程中的重要体现，通过技术手段实现对供应链的全方位监控。

制定应急预案是应对材料供应链中突发事件的重要保障。在建筑工程中，材料短缺或质量问题可能导致施工进度延误，甚至影响工程质量。通过制定详细的应急预案，建筑企业可以在突发情况下快速响应，调整采购计划或更换供应商，确保施工的连续性和质量的稳定性。应急预案的制定和实施，是精细化管理在材料供应链中的重要组成部分，体现了对不确定性因素的前瞻性管理和控制。

五、精细化管理对施工工艺优化的推动作用

（一）施工工艺流程优化

施工工艺流程的标准化设计是优化的基础，通过制定详细的操作规程和标准，确保各个施工环节的操作规范保持一致性。标准化设计不仅有助于提高施工质量，还能有效降低施工过程中的变异性，从而减少发生施工缺陷和返工现象。标准化设计的实施需要结合工程项目的具体需求，制定科学合理的流程标准，以实现施工过程的高效管理和控制。

在施工过程中，环境和条件的变化不可避免，因此，实施施工工艺流程的动态调整机制显得尤为重要。通过实时监测施工现场的实际情况，及时调整和优化工艺流程，可以有效地应对突发状况和环境变化，确保施工的连续性和高效性。动态调整机制不仅提高了施工效率，还能在一定程度上降低施工成本。动态调整需要依托于信息化管理工具和技术，实时获取施工现场数据，以便作出准确的决策和调整。

施工工艺流程的创新是提升建筑工程质量的关键。引入先进的施工设备和技术，可以显著推动施工工艺流程的创新，提高施工的精确度和安全性。例如，采用自动化和智能化设备，不仅提高了施工效率，还减少了人为操作的误差和安全隐患。此外，先进技术的应用也为施工工艺的创新提供了新的思路和方法，推动了建筑工程技术的不断进步和发展。

为了确保施工工艺流程的有效执行，加强施工工艺流程的培训与知识传递是必不可少的。通过系统的培训，提高施工人员的专业技能和对工艺流程的理解，能够确保施工人员在实际操作过程中严格按照标准化流程执行。此外，建立知识传递机制，有助于施工团队内部的经验分享和技术交流，进一步提升团队的整体施工水平。有效的培训与知识传递不仅提高了施工质量，也为施工工艺流程的持续优化奠定了基础。

（二）施工工艺创新应用

施工工艺创新应用在建筑工程中扮演着关键角色，其核心在于通过优化和革新传统施工方法，提升工程质量和效率。引入 BIM 技术，通过三维建模实现施工工艺的可视化，这一举措极大地提升了施工方案的准确性和施工人员的理解能力。BIM 技术作为一种信息化工具，不仅提供了全方位的项目视图，还能模拟施工过程，提前发现潜在问题，减少施工变更和返工的可能性。通过以上技术手段，施工人员可以在虚拟环境中进行方案推演，从而在实际施工中做到胸中有数，确保施工的精确性和协调性。

模块化施工方法是施工工艺创新的重要组成部分，通过将建筑分解为可预制的模块，施工效率和质量控制的精确性得到了显著提高。模块化施工尤其适用于大规模和复杂结构的建筑项目，不仅缩短了施工周期，还降低了现场施工的复杂性和不确定性。预制的建筑模块在工厂环境中生产，质量更易于控制，且减少了施工现场的资源消耗和环境影响。模块化施工的应用，不仅提高了建筑工程的整体效率，也推动了建筑行业向工业化和标准化方向发展。

在施工工艺创新中，智能化施工设备的应用不可或缺。机器人和无人机的引入，提升了施工工艺的自动化水平，减少了人工操作带来的误差。智能化施工设备能够在危险和复杂的施工环境中代替人工完成高精度的施工任务，确保施工安全和质量。无人机可以用于施工现场的监测和数据采集，实时提供施工进度的信息，而机器人在混凝土浇筑、钢筋绑扎等环节发挥重要作用。智能化设备的应用，标志着建筑施工向智能化、自动化方向转变，不仅提高了施工效率，还为施工工艺的进一步创新奠定了基础。

同时，绿色施工工艺的实施是施工工艺创新的重要方向。采用环保材料和节能技术，不仅推动了建筑行业的可持续发展，也提升了建筑企业的社会责任感。绿色施工强调在整个建筑生命周期中减少资源消耗和环境影响，从材料选择、施工过程到建筑运营，全面贯彻绿色理念。通过使用可再生材料和高效节能设备，建筑工程的环境足迹得以显著降低。此外，绿色施工工艺还促进了建筑行业的技术进步和管理创新，为未来建筑行业的发展指明了方向。

第二节　精细化管理对建筑工程成本的控制

一、精细化管理实现成本预算精细化

（一）成本预算编制方法

在建筑工程中，成本预算编制是项目管理的重要环节，其方法直接影响项目的经济性和可持续性。成本预算编制方法的选择应基于项目的具体需求和特点，以确保预算的科学性和可操作性。项目管理团队需要明确项目的总体目标和范围，以此为基础进行预算编制。预算编制的详细步骤包括识别项目所需的各项资源，估算每项资源的成本，并将这些成本整合成一个全面的预算计划。通过这种方法，确保每个环节的费用都得到充分评估和记录，从而避免遗漏和错误。

历史数据和市场调研是制定科学合理成本预算的重要依据。通过分析类似项目的历史数据，可以为当前项目的预算提供参考，同时，市场调研可以帮助项目团队了解当前市场的价格波动和趋势，从而提升预算的准确性。在此基础上，项目管理软件的引入可以实现预算的实时更新和跟踪。项目管理软件能够自动记录和分析预算执行情况，确保预算与实际支出的一致性，从而提高预算管理的效率和透明度。

建立预算审核机制是确保各项费用合理性和合规性的关键步骤。通过设立专门的审核团队或委员会，对预算进行定期审查和评估，可以有效地减少预算超支的风险。此外，制定预算调整流程是应对项目变更和不可预见费用的重要手段。项目在实施过程中可能会遇到各种变化，要求预算具有一定的灵活性和适应性。通过建立科学的预算调整流程，项目团队能够及时响应变化，确保项目在预算范围内顺利进行。

（二）预算执行与监控

在建筑工程项目中，预算执行与监控是其中的关键环节，通过建立完善的预算执行与监控体系，可以有效地提高资金使用效率。定期审查和分析预算执行情况是确保预算执行监控有效性的必要手段。通过及时发现并纠正偏差，能够保证项目资金的合理使用，避免浪费和超支现象的发生。预算执行与监控体系不仅是对预算执行结果的简单记录，还是对预算执行过程的深入分析，确保各个环节的资金使用都能得到合理的控制。

在精细化管理中，动态预算管理方法的应用尤为重要。建筑工程项目往往具有周期长、变数多等特点，项目进展和市场环境的变化对预算的影响不容忽视。通过动态调整预算，能够使预算更好地适应实际需求，避免因市场变化导致预算失控。动态预算管理要求管理者具备敏锐的市场洞察力和灵活的应对策略，能够在面对不确定性时迅速作出反应，以保证项目顺利推进。

同时，设定成本控制指标和关键绩效指标（KPI）是精细化管理的另一个重要措施。通过量化预算执行效果，可以促使各部门更加关注成本控制。设定明确的指标不仅能够帮助管理者清晰地了解预算执行的状态，还能激发各部门参与成本管理的积极性。通过对 KPI 的跟踪和分析，管理者可以识别出预算执行中的薄弱环节，进而采取针对性的改进措施，提高项目整体的成本控制水平。

此外，定期进行预算执行总结是精细化管理的重要组成部分。通过对各项费用的合理性进行评估，管理者可以发现预算执行中的问题，并提出改进建议。预算执行总结不仅有助于当前项目的成本控制，还能为未来预算编制提供科学依据。通过持续的总结和改进，精细化管理能够不断优化预算执行的效果，提升建筑工程项目的整体管理水平。

（三）预算调整与优化

在建筑工程项目中，精细化管理的实施对于成本预算的精细化具有重要意义。预算调整与优化是其中的关键环节。预算调整的标准流程制定是确保所有调整都有据可依的基础，不仅提升了预算管理的透明度和可追溯性，也为决策者提供了明确的操作指引。在建筑工程项目中，预算调整往往涉及多个部门和层级，制定清晰的流程可以有效减少沟通障碍和误解，确保各项调整措施得以顺利实施。

同时，建立预算调整审批机制也是精细化管理的核心内容。明确各级管理者的责任，不仅可以确保预算调整的合理性和合规性，还能在一定程度上避免因权限不清而导致决策失误。在复杂的建筑工程项目中，预算调整的频率和幅度可能会影响项目的整体进度和质量。因此，审批机制的科学设计至关重要。通过明确各级管理者的职责和权限，企业可以更有效地分配资源，优化项目管理流程。

引入实时数据分析工具为预算调整提供了技术支持。通过对项目进展和市场变化进行动态监测，项目管理者可以及时调整预算以应对不确定性。实时性的数据分析不仅提高了项目的响应速度，也为管理者提供了更为精准的决策依据。在市场环境瞬息万变的背景下，能够快速、准确地调整预算，对于项目的成功实施具有深远的影响。

为了确保预算调整的有效性，定期组织预算调整评估会议是必不可少的。通过汇总各部门的反馈，管理者可以深入讨论预算执行中的问题和改进措施。预算调整评估会议不仅促进了团队协作，也为项目的顺利推进提供了保障。各部门在分享经验和挑战过程中，可以相互学习和借鉴，形成更加完善的预算管理体系。

二、精细化管理在材料采购成本控制中的应用

（一）采购计划精细化

在建筑工程项目中，采购计划精细化是控制材料成本的关键环节。制订详细的采购计划，明确每种材料的需求量、规格和交付时间，是确保材料供应及时性和准确性的基础。通过采购计划精细化的方式，项目管理者能够准确预测材料需求，避免因材料短缺或过剩导致的工程延误或资金浪费。此外，采购计划精细化有助于优化资源配置，提高项目的整体效率。

分析市场行情和供应商报价是采购计划精细化中的重要步骤。通过对市场动态的深入分析，项目管理者可以合理选择采购时机，从而降低材料采购成本。选择合适的采购时机，不仅能节省成本，还能提高资金使用效率，为项目的顺利推进提供保障。市场行情的波动性要求管理者具备敏锐的市场洞察力，以便在合适的时机做出采购决策。

建立材料采购的优先级排序也是采购计划精细化的重要组成部分。根据项目进度和施工需求，合理安排采购顺序，能够有效避免不必要的库存积压。库存积压不仅占用资金，还可能导致材料浪费，因此，合理的优先级排序有助于优化库存管理，提高资金的周转效率。此外，优先级排序方式也能确保关键材料的及时供应，保障施工进度顺利进行。

此外，定期评估采购计划的执行效果，并及时调整采购策略，是提升采购管理灵活性和响应能力的关键。市场环境和项目需求的变化要求管理者具备快速反应能力，以便在变化中寻找最优的采购方案。通过定期评

估，管理者可以识别出当前采购计划的不足之处，并根据实际情况进行调整，从而更好地适应市场变化，确保项目顺利实施。

（二）供应商选择与评估

1. 建立供应商评估指标体系

在建筑工程项目中，供应商的选择与评估是精细化管理中至关重要的一环。建立有效的供应商评估指标体系是确保采购材料质量和控制成本的基础。供应商评估指标体系涵盖多维度的内容，包括质量、价格、交货期和服务水平等，以全面评估供应商的综合能力。供应商指标评估不仅有助于选择最合适的供应商，还能通过对比分析，发现供应商之间的优势和劣势，进而优化采购策略。此外，评估指标的设定应结合项目的具体需求和市场变化，以保持其动态适应性。

2. 实施供应商现场考察

实施供应商现场考察是确保供应商具备稳定供货能力的重要措施。通过现场考察，采购方可以深入了解供应商的生产流程、质量控制措施及整体管理水平。直接的观察方式不仅能验证供应商提供的信息，还能发现潜在的生产风险，从而在合同签订前做出更为准确的决策。现场考察还为双方建立更为紧密的合作关系提供了契机，有助于在未来合作中实现更高效的沟通与协作。

3. 分析供应商历史业绩数据

分析供应商历史业绩数据是选择供应商的重要参考依据。这一过程涉及对供应商在过往项目中的表现进行系统性评估，包括交货及时性、产品质量稳定性以及售后服务水平等。通过对历史数据的分析，采购方可以识别出表现优异的供应商，并了解其在不同项目环境下的适应能力。基于数据的决策方式不仅提高了选择的科学性，也能有效降低采购风险。

4. 探索与供应商的战略合作关系

探索与供应商的战略合作关系是增强材料供应稳定性和成本控制能力

的有效途径。通过签订长期合作协议和共同开发项目，采购方与供应商可以建立更为紧密的合作关系。战略合作不仅有助于降低采购成本，还能通过共享技术和资源提升双方的竞争力。在快速变化的市场环境中，稳定的合作关系为建筑工程提供了可靠的材料供应保障。

三、精细化管理优化劳动力成本配置

（一）劳动力需求分析

通过精细化管理，劳动力需求的准确预测成为可能，不仅确保了项目各阶段所需人员数量与技能的合理配置，还有效避免了人力资源浪费。为了实现这一目标，制定劳动力需求分析模型显得尤为重要。该模型需要综合考虑项目进度、施工工艺和现场条件等多维因素，通过科学评估不同工种的需求量，确保劳动力的合理配置。此外，动态调整机制的实施也是精细化管理的关键环节。根据施工进展和突发情况，及时调整劳动力配置，以灵活适应项目需求的变化，避免因人员冗余或不足造成资源浪费。

建立全面的劳动力数据库是实现精细化管理的重要基础。劳动力数据库详细记录了不同工种人员的技能、经验和绩效，这为项目中合理调配人力资源提供了有力支持。通过对数据库信息的分析，管理者可以迅速识别出最适合某一特定任务的人员，从而提高工作效率并降低成本。此外，精细化管理还强调与劳务派遣公司的紧密合作。这种合作关系确保了在项目高峰期能够迅速补充所需劳动力，保障施工进度和质量的同时，降低因人员短缺带来的风险。通过以上措施，精细化管理在优化劳动力成本配置方面展现出其独特的价值和优势，为建筑工程项目的成功实施提供坚实的基础。

（二）人员调配与管理

在建筑工程项目中，通过建立合理的人员调配机制，可以确保各工种之间的协调与配合，从而提高施工效率。建筑工程项目涉及多个专业工种的协同工作，合理的人员调配不仅能减少工时浪费，还能降低施工成本。建立人员调配机制需要综合考虑项目的规模、施工进度以及各工种的技术要求，以便在不同阶段灵活调整人员配置，确保施工的连续性和高效性。

实施人员调配的实时监控系统是精细化管理的关键步骤。施工现场环境复杂多变，实时监控系统能够及时反馈人员配置的实际情况，使管理者根据现场的变化和突发情况，快速调整人员配置。动态调整能力不仅提高了施工的灵活性，也减少了因人员配置不当导致的工期延误和成本增加。同时，实时监控系统还能为后续的人员调配提供数据支持，帮助管理者进行更科学的决策。

制订详细的人员培训计划是确保施工人员能够适应不同施工任务要求的重要措施。建筑工程项目中的技术更新和工艺创新对施工人员的技能提出了更高的要求。通过系统培训计划，施工人员不仅掌握了最新的施工技术，还提高了适应不同施工环境的能力。培训计划的实施需要结合项目的具体需求和人员的技能水平，确保培训的针对性和有效性，为项目顺利实施提供人力资源保障。

建立人员绩效评估体系是优化人力资源配置和管理的重要工具。通过定期评估员工的工作表现，管理者可以掌握员工的优劣势，为后续的人员调配和培训提供依据。绩效评估体系需要具备公平性和科学性，评估指标应涵盖员工的工作效率、技能水平以及团队协作能力等方面。通过绩效评估，企业可以识别出优秀人才并给予重用，同时也能发现问题并进行针对性改进，提高整体的人力资源管理水平。

四、精细化管理完善成本核算与分析体系

（一）成本核算流程优化

首先，建立一套标准化的成本核算流程是确保每个项目阶段的成本均

有明确记录与依据的关键。这不仅提升了核算的规范性，也为后续的成本分析与控制提供了可靠的数据支持。在此基础上，引入信息化管理系统是现代建筑工程项目管理的一大趋势。通过实时跟踪项目成本数据，信息化系统能够确保数据的准确性和及时性，极大地减少了人工核算的误差。以上技术手段的应用，不仅提高了工作效率，也为项目的成本管理提供了更为精细化的支持。

其次，制定详细的成本分类标准是优化成本核算流程的重要举措。通过将成本细分为直接成本和间接成本，管理者可以对不同类型的成本进行更精确的分析与控制，不仅有助于识别各类成本的组成及其变化趋势，还能为成本控制策略的制定提供更为具体的依据。为了确保成本核算的准确性和合理性，定期进行成本核算审核是必不可少的。通过审核，可以及时发现并纠正核算中的偏差，确保所有费用的合理性和合规性。这一过程不仅是对现有核算结果的检验，也是对未来成本管理工作的指导。

最后，建立成本核算反馈机制是促进持续优化成本管理流程的有效途径。通过鼓励项目团队提出改进建议，反馈机制能够激发团队成员的积极性和创造力，为成本管理的持续改进提供源源不断的动力。成本核算反馈机制的建立，不仅能增强团队的凝聚力和参与感，还能在实践中不断完善成本核算流程。这一系列优化措施的实施，将显著提升建筑工程的成本管理水平，助力项目在激烈的市场竞争中立于不败之地。

（二）成本数据分析方法

成本数据分析涉及通过系统化地收集、处理和分析项目成本数据，以便为管理者决策提供有力支持。成本数据分析不仅能够揭示成本构成的复杂性，还能帮助管理者更好地理解成本变化的原因及其对项目整体效益的影响。在建筑工程项目中，成本数据分析的重要性体现在其能够为项目的预算编制、成本控制以及效益评估提供科学依据。通过深入分析成本数据，管理者可以识别出影响项目成本的关键因素，从而制定更为精准的管理策略。

成本数据分析的主要工具与技术包括数据挖掘和统计分析。数据挖掘技术通过从大量的成本数据中提取有价值的信息和模式，为管理者提供深刻的洞察力。统计分析通过数学模型对成本数据进行定量分析，从而帮助管理者理解数据的内在关系及其变化趋势。以上工具和技术在建筑工程中被广泛应用于识别成本控制的关键因素和瓶颈。通过对历史数据的分析，管理者能够预测未来的成本趋势，并据此优化资源配置，提高项目的整体效益。

识别成本控制的关键因素和瓶颈是成本数据分析的核心任务。通过详细的成本数据分析，管理者可以发现项目中潜在的成本超支风险，以及影响成本效益的主要障碍。成本数据分析不仅可以帮助管理者及时采取纠正措施，还能为项目的长期规划提供战略支持。在建筑工程项目中，成本数据分析能够揭示材料采购、人工费用以及设备使用等方面的瓶颈，从而为成本控制提供精准的方向指导。

利用成本数据分析实现项目效益的量化评估与决策支持，是精细化管理的重要目标。通过对成本数据的深入分析，管理者可以对项目的经济效益进行量化评估，从而为项目的投资决策提供科学依据。量化评估不仅能够反映项目的当前效益，还能预测其未来的经济回报。在建筑工程项目中，成本数据分析为项目效益的评估提供了客观的数据支持，使管理者能够在复杂的市场环境中作出明智的决策。

第三节　精细化管理对建筑工程进度的推动

一、精细化管理确保进度计划的科学性

（一）进度计划编制的精细化方法

在建筑工程项目中，精细化管理对进度计划的科学性起着至关重要的

作用。进度计划编制的精细化方法是确保项目顺利推进的关键。在制订进度计划时，需要明确项目的目标与关键里程碑。这不仅为项目的实施提供了清晰的方向性，还增强了计划的可操作性。明确的目标和里程碑能够有效引导项目团队的工作重心，使各项任务的开展更具条理性和目的性。此外，项目目标的细化有助于各参与方在进度管理中保持一致的理解与行动。

为了进一步提升进度管理的效率，利用甘特图等工具进行可视化管理显得尤为重要。甘特图作为一种直观的项目管理工具，可以使进度安排一目了然。可视化的方式不仅便于项目管理者对整体进度的掌控，也有助于各参与方之间的协调与沟通。通过甘特图，各施工环节的时间安排、资源分配以及相互依赖关系都能得到清晰的展示，从而减少由于信息不对称而导致的误解与延误。

进度计划的科学性还体现在对施工工艺与资源配置的合理估算上。根据不同施工环节的特点，合理估算工期是确保进度计划可行性的基础。施工工艺的复杂程度、所需资源的种类与数量、外部环境的变化等因素都会影响工期的设定。因此，在进度计划编制过程中，必须综合考虑这些因素，以确保各施工环节的时间安排合理，避免因工期估算不当而导致的项目延误。

此外，建立进度信息共享平台是提升项目管理透明度与协作效率的重要手段。通过信息共享平台，各相关参与方可以实时获取最新的进度信息，了解项目的最新动态。信息的透明化不仅有助于各参与方协同工作，也提高了项目管理的整体效率，减少了因信息不对称而导致的误解与冲突。通过上述精细化方法的应用，建筑工程项目进度计划的科学性得到了有效保障，为项目的成功实施奠定了坚实基础。

（二）进度计划调整的科学依据

在建筑工程项目中，精细化管理对于进度计划的调整具有重要的科学依据。进度计划的调整不仅仅是对时间表的简单修改，而是基于施工现场实际情况进行的动态调整。通过动态调整，进度计划能够及时响应现场变化，避免因不适应实际情况而导致延误。进度计划动态调整要求管理者深入了解施工现场的每一个细节，在变化发生时能够迅速做出反应，确保项目按计划推进。

实时数据分析在进度计划调整中扮演着至关重要的角色。通过对各施工环节的进展情况进行实时监测，管理者可以及时识别出施工过程中的瓶颈和问题。实时数据分析不仅帮助管理者了解施工进度的实际状态，还能为制订有针对性的调整方案提供数据支持。通过数据驱动的决策，项目管理者能够更加精准地调整计划，确保施工进度顺利进行。

资源配置的变化是影响进度计划的重要因素。在精细化管理中，合理调整进度计划以适应人力、物力、财力等资源的变化是至关重要的。通过优化资源配置，管理者能够提升施工效率，确保各项资源的最优利用。优化资源配置调整不仅要求对资源有全面的了解，还需要在计划中灵活应用，以最大化提高项目的整体效率。

为了确保进度计划调整的科学性和有效性，设定明确的调整标准和流程是必要的。明确的调整标准和流程为调整提供了依据，使整个过程更加规范和透明。通过建立一套系统化的调整机制，项目管理者能够在调整过程中减少人为错误，提高调整的准确性和可靠性。规范化的管理方式是精细化管理的重要体现。

二、精细化管理提升施工准备的充分性

（一）施工计划的精细化编制

在建筑工程项目中，施工计划的精细化编制是提升施工准备充分性的重要环节。施工计划的编制不仅需要整体框架的设计，更需要根据项目的具体要求和实际情况进行细化。每个施工环节的目标必须明确，任务具体，这样才能确保在实施过程中，各个环节紧密衔接，避免出现不必要的

延误和错误。在施工计划中，细化的程度直接影响项目的整体效率和质量。因此，施工计划的精细化编制是实现精细化管理的基础工作。

施工计划的编制不仅仅是任务的分配，更涉及各工序之间的逻辑关系和相互依赖性。合理安排施工顺序，可以有效避免资源冲突和时间浪费。例如，在进行某些需要特定气候条件的施工工序时，必须考虑季节性变化对施工的影响。通过对各工序的合理编排，施工计划能够在最大程度上优化资源的使用效率，减少不必要的等待时间和资源闲置现象，这对于提升项目的整体效率具有重要意义。

在施工计划的编制过程中，外部因素如气候、地质等也是必须考虑的重要因素。以上因素往往具有不确定性，因此在计划中应预留一定的灵活性，以应对可能的突发情况和变化。通过对外部因素的评估，施工计划可以在一定程度上具备应变能力，确保在出现不可预见的变化时，项目仍能按照既定目标进行调整和推进，从而减少因外部因素导致的工期延误。

同时，明确各项工作的责任人和时间节点是施工计划精细化编制的关键步骤。通过明确责任和时间节点，不仅可以提高工作的透明度，还能在后续的进度监控中，快速识别问题环节，进行责任追溯。这样，管理者可以及时采取措施进行调整，确保项目按计划进行。同时，明确的责任划分也能提升团队成员的责任感和积极性，进而提高项目管理的有效性。

（二）资源配置的精细化协调

在建筑工程项目中，资源配置的精细化协调是提升施工准备充分性的重要环节。资源配置的精细化不仅涉及资源的合理分配，还包括对资源需求的准确预测。通过建立资源需求预测模型，结合项目进度和施工工艺，能够准确评估各类资源的需求量和时间节点。精细化的预测和评估，确保了资源的合理配置，避免了资源的过度浪费或不足，从而有效地推动项目顺利进行。

在资源配置过程中，实时监控系统的应用不可或缺。实施资源调配的实时监控系统，通过数据分析可以及时调整资源配置。实时监控的方式，确保了在施工高峰期和关键工序时段资源的充足性，避免了因资源短缺而导致的施工延误。同时，实时监控系统还可以帮助管理者快速识别和解决资源配置中的问题，提高施工效率。同时，优化资源配置的优先级是另一个关键步骤。根据项目的阶段性需求和施工进度，合理安排各类资源的投入，可以有效避免资源浪费。通过优先级的优化，资源能够在最需要的时刻得到最有效的利用，从而确保项目的各个阶段都能够顺利推进，减少不必要的资源消耗。

资源配置的精细化需要与供应链各参与方建立紧密的合作关系。通过信息共享和协同管理，可以提升资源配置的灵活性和响应速度。与供应链各参与方的紧密合作，能够确保在资源需求变化时，快速作出反应，保障项目顺利推进。协同管理的模式，不仅提高了资源配置的效率，还增强了项目的整体协调性。此外，制定资源配置标准化流程是确保资源管理高效的重要手段。资源配置标准化流程的建立，确保了各类资源的调配和使用有据可依，从而提升了管理效率和透明度。通过资源配置标准化流程的实施，可以减少因资源配置不当导致的延误，确保项目的每一个环节都在资源配置的支持下顺利完成。资源配置标准化的管理方式，为建筑工程项目的精细化管理提供了坚实的基础。

（三）施工条件的精细化评估

施工条件的精细化评估在建筑工程中扮演着至关重要的角色。通过对施工现场的全面评估，可以有效识别和预测潜在的风险因素，从而制订更为科学合理的施工计划。

首先，施工现场的环境因素评估包括对气候、地质和周边设施的分析，以上因素不仅直接影响施工进度，还可能对施工安全产生重大影响。例如，气候条件的变化可能导致施工材料损耗或施工进度延误，而地质条件可能影响基础设施的稳定性。因此，充分了解和评估以上环境因素是确保工程顺利进行的关键。

其次，施工设备和材料的可用性评估同样至关重要。为了确保施工过程顺利进行，必须提前评估所需设备和材料的可用性。不仅包括设备和材料的数量，还涉及其质量和运输的可行性。通过精细化的评估，可以确保以上资源能够及时到位，满足施工的具体要求，避免因设备或材料短缺导致施工中断。此外，施工人员的技能和经验评估也是施工中不可或缺的一部分，只有确保参与施工人员具备相应的专业知识和技能，才能有效地提升施工质量，减少施工过程中的错误和返工现象。

再次，施工安全条件的评估是保障施工人员安全的重要环节。在施工过程中，完善的安全防护措施和应急预案是不可或缺的。通过对施工现场安全条件的精细化评估，可以识别可能存在的安全隐患，并制定相应的防护措施，以最大限度地降低安全风险。这不仅有助于保护施工人员的安全，还能提高施工效率，减少因安全事故导致的施工延误。

最后，施工流程与工序的可行性评估是确保施工进度的关键。通过对各工序之间衔接的精细化评估，可以避免因不合理安排导致施工延误，确保施工进度顺畅进行。精细化管理方法在提高施工准备充分性方面发挥了显著作用，为建筑工程项目的成功实施奠定了坚实基础。

三、精细化管理优化施工进度控制流程

（一）施工进度计划的精细化编制

施工进度计划的精细化编制是建筑工程管理中的关键环节，直接影响项目的整体效率和成功。通过明确施工进度的各个阶段，管理者能够确保每个阶段的任务和目标清晰可见，这不仅便于后续的执行与监控，还能有效减少因不确定性带来的风险。在施工计划制订过程中，项目管理团队需要对各个阶段进行详细的分析和规划，确保任务的合理分配和资源的有效利用。通过精细化的管理方式，能够提升项目的执行效率和整体质量。

在施工进度计划中，合理划分施工环节是确保工期估算科学合理的基础。根据项目特点和施工工艺，管理者应对施工环节进行详细划分，确保

每个环节的工期估算都经过科学的分析和验证，避免不必要的延误。通过对施工环节的精细化划分，项目管理团队能够更好地预测和控制施工进度，减少因工期估算不准确而导致项目延期的可能。此外，精细化地划分施工环节也有助于提高施工现场的协调性，确保各个环节顺利衔接。

制订详细的责任分配方案是精细化管理的重要组成部分。在施工进度计划编制过程中，明确每个施工环节的责任人，能够有效提升责任意识和执行力。通过明确责任分配，可以确保每个环节都有专人负责，这不仅有助于提升施工效率，还能在出现问题时快速找到责任人并快速解决问题。责任分配方案的制订应结合项目的实际情况，确保每个参与者都能充分发挥其专业能力，为项目的顺利推进贡献力量。

利用信息化工具进行施工进度的动态管理，是现代建筑工程管理的重要趋势。通过实时更新进度数据，各参与方能够及时获取最新信息，提升协作效率。信息化工具的使用，不仅提高了施工进度管理的透明度，还增强了各参与方的沟通和协作能力。通过信息化手段，项目管理团队可以实现对施工进度的实时监控和调整，确保项目按计划顺利推进。动态管理模式，为精细化管理在建筑工程中的应用提供了强有力的支持。

（二）施工进度动态调整机制

通过建立施工进度动态调整机制，能够实时反映现场的实际情况，及时作出调整以应对突发事件。施工进度动态调整机制的核心在于其灵活性和响应速度，能够有效地应对由于外部环境变化或资源调配不当所引发的进度偏差。通过不断地监测和调整，施工团队可以确保项目按照既定时间表推进，减少延误的可能性，并提高整体施工效率。

实施基于数据分析的进度调整方法是动态调整机制的关键所在。通过实时监测施工进展，项目管理者可以识别出施工过程中的瓶颈，并制定相应的调整策略。进度调整方法不仅依赖传统的进度跟踪工具，还结合了现代数据分析技术，如大数据和人工智能，能够提供更为精准的进度预测和调整建议。通过数据驱动的决策，施工团队能够更好地优化资源配置，减

少浪费，提高施工效率。

为了确保进度调整的规范性和透明度，必须设定明确的进度调整标准和流程。进度调整标准和流程为施工团队提供了清晰的调整依据，使每一次调整都有据可循。这不仅有助于提升调整的有效性，还能增强项目管理的透明度，减少由于信息不对称而导致的误解和冲突。通过标准化的调整流程，项目管理者可以更好地控制施工进度，确保项目按时完成。

有效的沟通是确保施工进度动态调整机制成功实施的关键。与项目相关参与方保持有效沟通，可以确保各参与方对进度调整的理解与支持，从而增强团队协作能力。通过定期沟通会议和进度汇报，施工团队能够及时获取各参与方的反馈，并在调整过程中考虑到各参与方的需求和意见。以上沟通机制不仅有助于提高项目的执行力，还能够增强团队的凝聚力和合作精神。

（三）施工进度监控与反馈系统

通过建立实时施工进度监控系统，项目管理者可以利用先进的传感器和数据采集技术，动态跟踪施工现场的实际进展情况。实时监控不仅提高了施工的透明度，还为项目管理提供了准确的数据支持，从而有助于及时发现和解决潜在问题，确保工程按计划推进。尤其在大型复杂项目中，实时数据的获取和分析能够有效减少人为误差，提升施工效率。

为了更好地评估施工进度，制定进度监控的关键绩效指标（KPI）显得尤为重要。通过量化各施工环节的执行效果，管理者可以更直观地了解项目的进展情况。KPI 指标不仅为施工进度提供了一个客观的评估标准，也为项目团队提供了明确的目标和方向。KPI 的设定需要结合项目的具体特点，确保其可操作性和准确性，以便在施工过程中能够及时进行评估和调整，避免出现重大偏差。

进度监控数据的可视化管理是提高管理透明度的有效手段之一。通过图表和仪表板展示项目进展与计划的对比，管理者可以一目了然地掌握项目的整体状况。可视化的方式不仅便于管理层进行决策，也有助于施工团队理解项目的整体进度和目标。可视化工具的应用使复杂的数据变得直观易懂，促进了信息的高效传递和共享，提升了团队的协作效率。

此外，定期召开进度反馈会议是确保信息共享与协作的重要机制。在进度反馈会议中，项目团队可以汇总施工进展情况，讨论遇到的问题以及可能的解决方案。反馈机制不仅促进了团队间的沟通，也为项目的顺利推进提供了保障。通过定期的反馈和讨论，团队成员能够更加明确各自的职责和任务，从而在施工过程中形成合力，推动项目的高效实施。

四、精细化管理在关键环节进度把控中的作用

（一）关键路径识别与优化

在建筑工程项目中，关键路径是指项目中一系列相互依赖的任务，任务的延误将直接导致整个项目工期延长。识别关键路径的过程通常采用关键路径法和程序评审技术等方法。以上方法通过系统化的分析，帮助项目管理者明确哪些任务是项目进度的瓶颈，从而优先配置资源以确保其按时完成。

关键路径动态调整机制是应对项目进展中不确定因素的重要手段。在项目实施过程中，外部环境的变化、资源的短缺以及不可预见的延误等因素常常影响项目进度。通过实时监控和调整关键路径，项目管理者能够及时识别可能的延误，并采取相应措施进行调整。关键路径动态调整机制不仅提高了项目的灵活性，还增强了对突发事件的应对能力，使工程进度更加可控。

关键路径优化策略是通过资源重分配和工序调整来缩短项目工期的有效方法。在资源有限的情况下，通过优化资源的配置和调整工序的先后顺序，可以有效减少任务之间的等待时间，进而缩短整体工期。关键路径优化策略不仅能够提高资源的利用效率，还能在不增加成本的前提下，加快项目的推进速度，为项目如期完工提供有力保障。

关键路径对项目风险管理的影响不容忽视。通过识别关键环节的潜在风险，项目管理者可以提前制定应对措施，降低风险对项目进度的影响。风险管理不仅涉及对已识别风险的控制，还包括对潜在风险的预警和防范。主动的风险管理策略能够有效减少项目进度的不确定性，为项目的顺利实施提供坚实的基础。

（二）进度节点监控与调整

在建筑工程项目中，精细化管理的应用对于进度节点的监控与调整具有重要作用。进度节点的监控与调整是确保工程项目按计划推进的关键环节之一。通过建立清晰的进度节点定义，明确每个节点的目标、责任人和时间节点，可以有效地指导项目团队的执行和监控。清晰的进度节点定义不仅有助于提高团队的责任意识，还能在项目实施过程中提供明确的方向和标准，便于各参与方在统一框架下协同工作，确保项目进度顺利推进。

为了更好地掌控项目进度，实施进度节点的定期评估机制显得尤为重要。通过数据分析及时识别进度偏差，并进行相应调整，可以有效地防止项目进度滞后。定期评估不仅能够帮助项目管理者及时发现问题，还能为项目的持续改进提供依据。进度节点的定期评估机制的建立需要依托于翔实的数据收集和分析能力，确保项目管理者可以在第一时间掌握项目的真实进展情况，并根据评估结果进行科学决策，从而保障项目按计划推进。

信息化管理工具的引入为进度节点的实时监控提供了技术支持。通过信息化管理工具，项目管理者可以实时跟踪进度节点的执行情况，提升数据的透明度和可追溯性。这不仅有助于提高项目的管理效率，还能为项目的各参与方提供一个透明的沟通平台，便于快速响应变化和调整计划。信息化工具的应用还可以将复杂的数据转化为直观的图表和报告，帮助项目管理者更好地理解项目进展情况，从而作出更为准确的判断和决策。

制定项目进度节点的风险预警机制是确保项目顺利推进的关键措施。通过提前识别可能影响项目进度节点完成的风险因素，项目管理者可以及时采取应对措施，降低风险对项目进度的影响。风险预警机制的有效实施需要依托于对项目环境和进度节点的深入分析，确保项目团队能够在风险发生前采取预防措施。以上前瞻性的管理方法不仅能提高项目的抗风险能力，还能为项目的顺利推进提供保障。

（三）资源调配与进度协调

在建筑工程项目中，精细化管理的应用为资源调配与进度协调提供了有力支持。资源调配作为建筑工程进度管理的关键环节，其合理性直接影响项目的整体进展。通过建立资源调配的优先级体系，可以根据项目进度的紧急程度和重要性合理安排资源分配，确保关键工序的资源得到优先保障。优先级体系不仅提升了资源的使用效率，还能有效避免因资源不足而导致的施工延误现象。在此过程中，项目管理者需要具备敏锐的判断力和丰富的经验，以便在复杂多变的施工环境中做出最优的资源配置决策。

实时监控是资源调配中不可或缺的环节。通过实施资源调配实时监控，管理者可以利用数据分析及时识别资源使用情况与不足，从而迅速调整资源配置以满足施工需求。这一过程需要依赖先进的数据采集与分析技术，确保信息的准确性和时效性。实时监控不仅提高了资源调配的灵活性，也为项目的顺利推进提供了坚实的数据支持。在资源调配过程中，管理者应关注资源的动态变化，及时调整策略，以应对可能出现的突发情况，确保施工进度的连续性和稳定性。

为了提高资源利用效率，制定资源共享机制显得尤为重要。资源共享机制的建立能够促进不同施工环节之间的资源互通，减少资源闲置现象。通过合理的资源共享安排，各施工环节可以在资源紧缺时互相支援，形成资源的最优配置。这不仅提高了资源的使用效率，还能有效降低施工成本。在资源共享过程中，各施工单位需要保持高度的协作意识，确保资源的合理调度与分配。同时，资源共享机制的实施也需要有健全的制度保障，以避免因资源调配不当而引发纠纷。

同时，跨部门协调机制的建立是资源调配中不可或缺的部分。通过建立跨部门协调机制，可以确保各相关部门在资源调配过程中保持沟通与协作，避免发生信息孤岛现象。跨部门沟通与协作能够提升资源调配的灵活性，使资源的配置更加科学合理。在资源调配过程中，各部门需要建立起高效的沟通渠道，确保信息的及时传递与反馈。只有在各部门通力合作的基础上，才能实现资源调配的最优化，进而推动项目顺利实施。

第三章

精细化管理在建筑工程设计阶段的应用

第一节　设计阶段的精细化需求分析

一、设计阶段精细化管理的必要性

（一）提高设计准确性

精细化管理在建筑工程设计阶段的应用，首先体现在提高设计的准确性上。通过标准化的设计流程，精细化管理能够显著提升设计团队的协作效率，减少设计过程中的错误发生概率。标准化流程的实施，使设计团队在面对复杂的设计任务时，能够有条不紊地进行各项工作，确保设计成果高质量输出。此外，精细化管理工具的运用，使设计数据能够实现实时监控和反馈。通过对数据的及时分析与调整，设计团队可以迅速发现并纠正设计偏差，保证设计方案的准确性和一致性。

精细化管理强调对设计细节的深入分析，对于提升设计方案的可行性和实用性至关重要。在设计阶段，细节往往决定着整个项目的成败。通过精细化管理，设计团队能够对每个细节进行深入探讨和分析，确保设计方案不仅在理论上可行，而且在实际应用中具有实用性。对细节的关注，使设计方案在实施过程中能够更好地适应实际环境的变化，满足客户的多样化需求。

通过精细化管理，设计阶段的各项指标和要求能够得到明确化，确保设计成果符合客户需求和行业标准。在建筑工程项目中，客户需求和行业标准是设计的两大关键驱动力。精细化管理通过对设计流程的精细控制，使各项设计指标和要求在设计阶段就得到清晰定义和严格执行，确保最终设计成果能够完全符合客户期望，并达到行业的高标准。

此外，精细化管理促使设计团队在设计过程中进行多维度的风险评估，提高设计的安全性和可靠性。风险评估是设计阶段不可或缺的一环，通过精细化管理，设计团队能够从多个维度对设计方案进行风险分析，识别潜在风险并制定相应的应对措施。多维度的风险评估，不仅提升了设计方案的安全性，还增强了其在实际应用中的可靠性，确保建筑工程项目在后续阶段的顺利实施。

（二）降低设计变更风险

在建筑工程项目设计阶段，降低设计变更风险是精细化管理的核心目标之一。精细化管理通过建立清晰的设计变更流程，确保所有变更都经过严格审核和批准，从而有效地降低不必要的设计变更发生概率。这种管理方式不仅提高了设计阶段的效率，还减少了因变更带来的资源浪费和成本增加。

实施精细化管理时，设计团队可以借助详细的文档记录和沟通机制，确保所有相关参与方对设计要求和变更有一致的理解，减少因信息不对称导致的设计变更。通过这种方式，设计团队能够在项目初期就明确各参与方的责任和期望，从而减少后期的冲突和误解。同时，精细化管理工具的使用，使设计变更的影响能够得到全面评估。精细化管理工具帮助设计团队在变更前预测可能的后果，从而降低设计变更带来的风险。通过科学的评估和预测，设计团队可以制订更为合理的变更方案，减少对项目整体进度和质量的影响。

精细化管理可以促进设计阶段的多参与方协作，确保设计团队与施工、客户等相关参与方紧密配合。通过多方协作，设计团队能够更好地理解各方的需求和限制，从而在设计阶段就避免不必要的变更。此外，精细化管理强调设计阶段的风险识别和评估，使潜在的设计问题能够在早期被发现并解决。前瞻性的管理方式，不仅有效降低了后期的设计变更风险，还提高了项目的整体质量和可靠性。通过精细化管理，设计阶段的各项工作能够顺利进行，为项目的成功奠定坚实的基础。

（三）增强设计协调性

1. 建立跨部门沟通机制

在建筑工程项目的设计阶段，增强设计协调性是精细化管理的关键环节，直接影响项目的整体质量和效率。为此，建立跨部门沟通机制显得尤为重要。通过确保设计团队与施工、采购等其他相关部门之间的信息流畅，有效地避免因信息不对称导致的设计问题。跨部门沟通机制不仅有助于各部门间协作，还能在项目的不同阶段提供及时而准确的信息支持，确保设计决策的科学性和合理性。

2. 实施定期的设计评审会议

实施定期的设计评审会议是提升设计协调性的重要手段。通过组织各方参与设计方案的反馈和讨论，团队成员可以就设计的各个细节进行深入交流，从而增强协作和协调能力。定期的评审机制不仅能及时发现和解决潜在问题，还能促进设计方案的优化和完善，确保项目设计的高效推进。

3. 利用协同设计软件

利用协同设计软件，实现实时协作，是现代建筑设计管理中不可或缺的工具。通过这些软件，设计团队成员能够随时查看和更新设计文件，确保设计信息的最新性和一致性。实时协作的方式不仅提高了设计团队的工作效率，还有效地减少了因信息滞后或误解而导致的设计失误。

4. 建立设计协调平台

通过建立设计协调平台，集中管理设计变更和意见反馈，可以确保所有相关参与方对设计进展有统一的了解和掌控。设计协调平台不仅提供了一个透明的沟通渠道，还能有效记录和追踪设计变更的全过程，确保设计的每一步都在可控范围内。集中管理的方式，为设计阶段的精细化管理提供了有力支持和保障。

二、设计需求与功能目标的精细化分析

（一）需求识别方法

1. 问卷调查法

需求识别方法多种多样，其中问卷调查法是广泛应用的基础工具。通过设计科学合理的问卷，建筑设计团队能够收集来自不同利益相关方的意见和建议。问卷调查法不仅可以确保设计需求的全面性和准确性，还能够在定量分析的基础上明确各方的优先需求。问卷调查的结果为设计决策提供了坚实的数据支持，帮助建筑设计团队在初期阶段识别出可能的设计挑战和机会。

2. 访谈法

访谈法是一种重要的需求识别方法，通过与关键利益相关者进行面对面的深入交流，建筑设计团队能够挖掘潜在需求和未被明确表达的期望。访谈法强调人与人之间的互动，通过开放式问题的引导，利益相关者能够更自由地表达他们的想法和期望。访谈法不仅有助于获取更详细的信息，还能建立信任关系，为后续的设计合作奠定良好的基础。

3. 头脑风暴会议

头脑风暴会议在需求识别过程中扮演着重要角色。头脑风暴会议通过促进建筑设计团队内部的创意碰撞，从不同角度识别设计需求，确保多元

化的思考。在头脑风暴会议中，团队成员被鼓励提出各种想法，无论这些想法看起来多么不切实际。通过自由的思维碰撞，建筑设计团队能够突破传统思维的限制，创新设计解决方案，满足多样化的需求。

4. 市场调研

市场调研是需求识别的一个关键环节。通过分析行业趋势和用户需求变化，为设计需求提供数据支持和参考依据。市场调研法不仅帮助建筑设计团队了解当前市场的需求和竞争态势，还能预测未来的市场变化，从而确保设计方案的前瞻性和竞争力。市场调研的结果能够帮助建筑设计团队在设计阶段作出更具战略性的决策，提高项目的成功率。

（二）功能目标设定

功能目标设定在建筑工程设计阶段至关重要，直接影响设计方案的质量和最终的用户体验。明确功能目标与设计需求的一致性，是确保设计方案能够满足用户实际使用需求和期望的关键步骤。在建筑工程设计过程中，通过对使用者需求的深入分析，建筑设计团队能够识别出哪些功能是用户最看重的。一致性不仅提高了设计的针对性，还能有效降低因需求不明确而导致的设计变更，从而节省时间和成本。此外，功能目标需要在设计初期就得到清晰定义，以便在后续的设计评估和效果验证中，能够提供明确的依据和标准。

设定可量化的功能目标是精细化管理的一项重要原则。通过量化，可以使功能目标更加具体和可操作，从而便于后续的评估和效果验证。量化的功能目标不仅可以提供明确的设计方向，还可以作为评估设计效果的标准。例如，在建筑设计中，可以通过具体的指标来量化空间利用率、能耗水平等关键性能指标，在建筑工程设计完成后，便可以通过对关键性能指标的测量和分析，来验证设计目标的实现程度。可量化的设计目标设定，能够大大提高设计的科学性和可操作性。

在设定功能目标时，考虑环境影响和可持续性是现代建筑设计的一个重要趋势。将功能目标与节能减排等环保要求相结合，不仅可以提升建筑设计的社会责任感，还能为项目带来长远的经济效益。在当前全球环境问题日益严峻的背景下，建筑设计需要更多地关注对环境的影响。通过在建筑设计阶段将可持续发展的理念融入其中，可以有效减少建筑物在整个生命周期内的环境足迹。环保设计策略，不仅符合当前的政策导向，也能满足用户对绿色建筑的需求。

制定功能目标的优先级是精细化管理中的关键步骤。资源总是有限的，因此在建筑设计过程中，需要明确哪些功能是必须优先实现的。通过对功能目标进行优先级排序，可以确保在资源有限的情况下，关键功能得到优先实现，从而提升建筑设计效率。优先级的设定通常需要在深入分析用户需求和项目资源的基础上进行。在实际操作中，建筑设计团队需要与各方利益相关者进行充分沟通，以确保优先级设定的合理性和科学性，从而在有限资源下实现最佳建筑设计效果。

三、设计信息的精细化整合与分析

（一）信息收集策略

有效的信息收集策略可以确保设计信息的及时更新和共享，提高信息的可获取性和透明度。利用信息技术平台进行数据收集是实现这一目标的关键。通过信息技术平台，建筑设计团队能够实时获取最新的设计信息，确保所有相关人员都能在第一时间获得更新的数据。这不仅能提高信息的透明度，还能有效减少因信息滞后导致的设计偏差和错误，从而提升建筑设计的整体质量。

为了实现信息的系统性和一致性，建立标准化的信息收集流程是必不可少的。标准化流程可以确保各类设计信息按照统一的标准进行收集和整理，避免信息遗漏和重复收集的情况。标准化的信息收集流程有助于提高信息的准确性和完整性，使设计团队能够在信息充分的基础上进行合理的设计决策。此外，标准化的信息收集流程还能提高信息检索的效率，使设计团队可以快速定位所需信息，节省时间和资源。

定期组织设计信息交流会是促进设计团队成员之间信息分享和经验交流的重要手段。设计信息交流会为团队成员提供了一个开放的平台，大家可以在会上分享各自收集到的信息和经验，讨论设计过程中遇到的问题和解决方案。通过这样的互动，团队成员能够更好地理解设计信息的背景和细节，从而增强团队的协作能力。设计信息交流会还可以帮助团队成员识别信息收集中的不足之处，并及时进行改进，确保信息的全面性和准确性。

引入数据分析工具是对收集到的设计信息进行深入分析的重要步骤。通过数据分析工具，设计团队可以识别出设计信息中的关键数据和趋势，为后续的设计决策提供科学的依据。数据分析工具能够从大量的设计信息中提取出有价值的数据，帮助团队更准确地预测设计结果和风险，不仅提高了设计决策的科学性和合理性，还能为项目的顺利实施提供有力支持。数据分析的结果还可以为后续的设计优化提供方向，使设计更加符合实际需求和市场趋势。

（二）数据分析工具

通过使用先进的数据分析工具，设计团队能够在海量数据中提取有价值的信息，从而支持决策过程。先进的数据分析工具不仅能够处理复杂的数据集，还能通过自动化流程减少人为错误。具体而言，数据分析工具在设计阶段的应用，能够帮助团队快速识别设计中的潜在问题，并提出优化方案，还能提高团队的协作效率，确保所有成员都能及时获取最新的设计信息。

数据可视化工具的应用是数据分析中的重要环节。通过图表和仪表盘，设计团队可以将复杂的设计数据转化为直观的视觉信息，帮助团队成员快速理解和分析设计趋势。可视化的方式使得设计信息更加透明，便于团队成员之间的沟通和协作。尤其在大型项目中，数据可视化工具能够帮助团队识别关键设计指标的变化，及时调整设计方案以应对项目需求的变化。此外，数据可视化工具还支持实时更新和动态展示，使得设计团队能够在项目的各个阶段保持对设计数据的全面掌控。

统计分析软件在设计数据的定量分析中发挥着不可或缺的作用。通过统计分析软件，设计团队可以对大量设计数据进行深入的统计分析，识别设计方案中的潜在问题和优化空间。统计分析软件能够提供多种统计模型和分析方法，帮助团队对设计数据进行精确的量化分析。例如，团队可以利用统计分析软件来评估不同设计方案的性能差异，从而选择最优的设计方案。同时，统计分析软件还支持设计数据的历史趋势分析，帮助团队预测未来设计的发展方向。

人工智能算法的引入为设计数据的深度挖掘提供了新的可能性。利用机器学习技术，设计团队可以对大量设计数据进行深入分析，预测设计结果并优化设计决策。人工智能算法能够自动识别设计数据中的模式和趋势，为设计团队提供科学的决策支持。例如，通过对历史设计数据的学习，人工智能算法可以预测未来设计方案的性能表现，从而帮助团队提前识别潜在的设计风险。此外，人工智能算法还可以自动生成优化建议，帮助团队提高设计方案的创新性和可行性。

四、设计参数的精细化梳理与分析

（一）参数分类与整理

在建筑工程设计阶段，参数分类与整理是实现精细化管理的基础。设计参数的类型划分至关重要，包括功能性参数、结构性参数和美观性参数。功能性参数涉及建筑物的使用性能，如空间的利用效率和能耗水平；结构性参数则关注建筑物的稳定性和安全性，如材料强度和构件连接方式；美观性参数与建筑的视觉效果和风格有关，如外观设计和色彩搭配。通过对以上参数的细致分类，设计团队能够确保设计方案的全面性和系统性，避免因忽视某一类型参数而导致设计缺陷。

在对设计参数进行分类的基础上，还需要进行优先级排序。不同的设计参数在项目中的影响力各不相同。因此，明确哪些参数在设计中具有更高的影响力是优化设计决策的关键。例如，在高层建筑设计中，结构性参数可能比美观性参数更为重要，因为其直接关系建筑的安全性。通过优先级排序，设计团队能够将有限的资源和精力投入最关键的参数中，从而提高设计效率和质量。

为确保不同团队和部门之间的顺畅沟通，建立设计参数的标准化定义和计量单位是必要的。标准化不仅有助于减少沟通中的误解，还能提高设计数据的可比性和可重复性。例如，统一的参数定义和计量单位可以帮助建筑设计师、结构工程师和施工团队在项目的不同阶段保持对设计要求的一致理解，从而减少因信息不对称导致的设计偏差和施工误差。

此外，利用参数分析工具进行参数敏感性分析是支持设计优化过程的有效手段。通过识别对设计效果影响最大的参数，设计团队可以针对性地进行优化。例如，若某一结构性参数对建筑物的抗震性能有显著影响，则可以加强对此参数的研究和优化，提高建筑的整体安全性和性能表现。基于数据的分析方法，为设计决策提供了科学依据，推动建筑工程项目设计的精细化发展。

（二）参数间关系分析

在建筑工程项目设计阶段，参数间关系分析是精细化管理的重要组成部分。设计参数之间的相互依赖性分析是识别哪些参数的变化会直接影响其他参数性能表现的关键。通过参数间关系分析，设计团队可以更好地理解各个参数的作用及其在整体设计中的位置。识别这些相互依赖的关系，有助于在设计初期预测可能的变化和调整，从而减少后续阶段的返工和资源浪费。

同时，构建参数关系图是一种直观展示各参数之间关联性的方法。通过图示化工具，设计团队能够清晰地看到参数之间的互动影响。可视化的方式不仅有助于团队内部的沟通和协作，也为设计决策提供了有力的支持。参数关系图能够揭示复杂的参数网络，帮助团队识别关键节点和潜在的优化路径，从而提高设计效率和效果。

应用敏感性分析是评估不同设计参数对最终设计效果影响程度的有效手段。通过敏感性分析，设计团队可以明确哪些参数对设计结果具有重大影响，并据此指导优先优化关键参数。这种方法不仅提高了设计的精确性，还为资源的合理配置提供了依据，使设计过程更加科学和高效。

探索设计参数的组合效应是提升设计整体性和协调性的关键。通过分析多个参数共同作用下对设计成果的综合影响，设计团队可以识别出最佳的参数组合，以实现设计目标。组合效应分析有助于发现潜在的设计优化机会，确保各个参数之间的协调和一致性，从而提升建筑工程项目的整体质量。

第二节　设计方案的优化与精细化控制

一、精细化分析设计方案的可行性与成本效益

（一）可行性评估方法

1. SWOT 分析法

在建筑工程项目设计阶段，可行性评估是确保设计方案能够成功实施的关键步骤。SWOT 分析法是评估可行性的一种行之有效的方法。通过识别设计方案的优势、劣势、机会和威胁，提供一个全面的视角，使建筑设计团队能够在早期阶段就识别出潜在问题并制定应对策略。SWOT 分析法不仅有助于优化设计方案，还可以提高设计方案的整体竞争力和市场接受度。

2. 成本效益分析

成本效益分析是评估设计方案经济可行性的重要工具。通过量化设计

方案的成本与预期收益，成本效益分析帮助决策者判断项目是否值得投资。成本效益分析不仅关注直接的经济收益，还考虑长期的运营成本和潜在的风险收益。通过成本效益精细化的分析，建筑设计团队可以确保资源的有效配置，并在预算范围内实现最佳设计效果。

3. 技术可行性分析

技术可行性分析在设计方案的评估中至关重要，主要评估设计方案所需技术的成熟度和实施能力。通过对技术可行性的深入分析，设计团队确保所选技术能够支持设计方案的实现，并且在施工阶段不会出现技术瓶颈。技术可行性分析还可以识别出需要额外开发或改进的技术领域，确保设计方案在技术上具有可操作性和创新性。

4. 市场需求分析

市场需求分析是评估设计方案市场适应性的关键步骤。通过分析目标用户群体对设计方案的接受度和市场潜力，设计团队能够确保设计方案符合市场需求并具有商业价值。市场需求分析不仅关注当前市场趋势，还考虑未来的市场变化和用户需求的演变。通过市场需求分析，设计团队能够更好地定位设计方案，提高其市场竞争力和用户满意度。

（二）成本效益分析工具

1. 生命周期成本分析法

在建筑工程项目的设计阶段，成本效益分析工具的应用至关重要。采用生命周期成本分析法是其中一种有效的手段，通过评估建筑项目从设计、施工到运营各阶段的整体成本，帮助设计者制订更具经济效益的设计方案，不仅考虑了初始投资，还涵盖长期运营和维护的成本，使方案在全生命周期内达到最佳的经济效益。全面的成本评估为设计决策提供了坚实的经济基础，确保项目在长远发展中具备可持续性。

2. 价值工程分析

价值工程分析作为一种重要的成本效益分析工具，通过对设计方案的各个组成部分进行功能和成本分析，识别出可以优化的环节，从而提升设计的性价比，强调功能与成本的匹配，力求在不降低功能和质量的前提下，最大限度地降低成本。通过价值工程分析，设计团队能够发现并消除不必要的成本浪费，优化资源配置，进而提升项目的整体价值。

3. 盈亏平衡分析

盈亏平衡分析是用于确定设计方案在不同市场条件下的盈亏临界点，帮助决策者判断项目的经济可行性。通过分析不同市场情景下的成本和收益关系，设计者可以预测项目在各种市场条件下的财务表现。盈亏平衡分析不仅有助于风险评估，还能为设计方案的调整提供数据支持，使项目在市场波动中保持稳健。

4. 敏感性分析

敏感性分析能够评估设计方案中关键成本因素的变化对整体项目经济效益的影响。通过对不同因素的变化进行模拟，设计者可以识别出对项目成本影响最大的因素，从而在设计过程中加以重点控制。敏感性分析为设计优化提供了方向性指导，确保项目在经济效益方面的稳健性和可控性。

二、运用先进技术进行精细化模拟与分析

（一）模拟技术的应用

通过虚拟现实技术，设计团队能够在沉浸式环境中体验建筑空间的布局和设计效果。虚拟现实技术不仅提升了设计师对建筑空间的直观理解，还帮助设计师在设计初期就能识别并解决潜在的问题，从而提高设计的准确性和效率。虚拟现实技术的应用使设计团队能够在虚拟环境中进行多次迭代，优化设计方案，进而减少后期施工中的设计变更和返工成本。

计算流体动力学（CFD）模拟技术为建筑物的通风和热流动分析提供了科学依据。通过 CFD 分析，设计师可以优化建筑的室内环境，提高空气质量和热舒适度，同时在节能设计上作出更为合理的决策。CFD 模拟能够

准确预测建筑物在不同气候条件下的表现，从而为设计师提供优化通风系统和节能方案的依据。CFD 模拟技术的应用不仅提高了建筑的环境性能，还为可持续设计提供了技术支持。

结构分析软件通过有限元分析（FEA）技术对建筑结构的强度和稳定性进行评估。有限元分析是一种精细化的建模技术，能够对复杂结构进行详细的应力和变形分析，确保建筑设计的安全性。FEA 技术的应用使得设计师能够在设计阶段就识别出结构上的薄弱环节，并进行必要的调整，从而保障建筑物在实际使用中的安全和耐久性。

光照模拟技术在建筑设计中扮演着重要角色。通过对自然光分布的预测，设计团队可以优化建筑的窗户和其他开口设计，提高室内光照质量。这不仅有助于提升建筑的视觉舒适度，还能有效减少人工照明的使用，从而实现节能的目标。光照模拟技术的应用为设计师提供了数据支持，使设计师能够在设计阶段就作出更为科学的决策。

（二）数据分析工具的使用

通过数据分析工具，设计团队能够实时监控设计进度和资源分配，确保项目按计划推进。实时监控能力使团队能够快速识别设计过程中的偏差，及时调整策略以保持项目的进度和预算。数据分析工具的使用不仅提高了项目管理的效率，还增强了团队之间的协作，通过共享实时数据，各个部门可以更好地协调工作，避免资源浪费和重复劳动。

除了进度和资源监控外，数据分析工具在设计方案的风险评估中也发挥着重要作用。通过对设计数据的深入分析，数据分析工具能够识别潜在的问题，并提出相应的改进措施。风险评估能力对于提升设计的安全性至关重要，尤其是在复杂的建筑工程中，任何一个细小的设计缺陷都可能导致严重的后果。因此，利用数据分析工具进行全面的风险评估，可以有效降低项目风险，提高设计方案的可靠性和安全性。

数据分析工具还支持设计团队进行多维度的数据整合，这对于分析不同设计参数对最终成果的影响具有重要意义。通过整合和分析来自不同来源的数据，团队可以更全面地理解设计参数之间的关系及其对项目的整体影响。多维度分析能力使设计团队能够在设计阶段就发现潜在的优化空间，从而在不增加成本的情况下提高设计质量和效率。此外，多维度分析能力还可以帮助团队预测未来可能出现的问题，并提前制订相应的解决方案。

用户反馈的量化分析是数据分析工具的一大优势。通过对用户反馈数据的量化分析，设计团队能够深入理解用户的需求和期望，从而在设计方案中更好地体现用户需求。用户导向的设计方法不仅提高了用户的满意度，还增强了设计方案的市场竞争力。数据分析工具通过将用户反馈转化为可操作的数据，使设计团队能够在设计过程中不断调整和优化方案，以确保最终产品能够最大程度地满足用户的需求。

此外，数据分析工具提供的可视化报表对于设计团队的决策过程具有重要的促进作用。通过直观的可视化报表，团队成员可以更清晰地理解复杂的数据和设计信息，从而在决策过程中更加高效。可视化报表不仅提高了团队内部的沟通效率，还为项目的利益相关者提供了清晰的项目进展和设计成果展示。透明的沟通方式有助于建立信任，促进项目的顺利实施。数据分析工具的全面应用，使建筑设计过程更加科学、精准和高效。

三、精细化调整设计方案的空间布局与流线

（一）空间布局优化策略

在建筑工程设计中，空间布局优化策略是提升建筑使用效率和用户体验的关键。优化空间布局时，应充分考虑各功能区域的相互关系，确保不同区域之间的流线设计合理。合理的流线设计能够减少不必要的交叉与干扰，从而提高整体使用效率。在建筑设计中，流线的优化不仅涉及人员的流动，还包括物流、信息流等多种流线的协调。通过精细化管理，设计师可以在规划阶段就考虑以上因素，使建筑在使用过程中更加高效和有序。

在空间布局设计中，灵活的布局方案是应对未来变化的有效策略。随着社会发展和技术进步，建筑的功能需求和用户需求可能会发生变化。因此，设计方案应具备一定的弹性，允许根据实际使用需求进行调整。灵活的布局不仅可以适应功能变化，还可以满足用户需求的多样性。这种设计理念要求设计师在初期规划时，充分考虑可能的变化因素，并为未来的调整预留空间和接口，以确保建筑的长久适用性。

自然采光和通风是空间布局不可忽视的重要因素。通过精细化分析，设计师可以在方案中最大化地利用自然资源，提升室内环境的舒适度和节能效果。自然采光不仅能降低人工照明的使用，节约能源，还能改善室内环境的氛围，提高用户的舒适感。同样，自然通风设计可以减少空调系统的负荷，降低能耗。通过合理的窗户位置和开口设计，结合建筑的朝向和周边环境，设计师能够实现自然资源的高效利用。

实施人机工程学原则是优化空间布局的重要手段。通过对空间细节的精细化设计，确保用户在使用过程中能够获得最佳的操作便捷性和舒适体验。人机工程学强调设计应以人为中心，关注用户的生理和心理需求。优化的空间布局不仅要考虑功能的实现，还要关注用户的体验和满意度。通过合理的家具摆放、适宜的通道宽度和舒适的操作高度等细节设计，建筑空间能够更好地服务于使用者，提升整体使用满意度。

（二）流线设计原则

流线设计在建筑工程中扮演着至关重要的角色，其原则旨在优化建筑内部空间的使用效率和用户体验。流线设计应优先考虑用户的活动习惯，确保不同功能区域之间的流动路径清晰、顺畅。这意味着在设计过程中，应深入研究用户的行为模式和需求，合理规划行走路线，以减少用户的行走距离和时间成本。这不仅提高了用户的满意度，也在一定程度上降低了建筑的运营成本。因此，流线设计的合理性直接影响建筑的整体功能性和用户的使用体验。

在流线设计中，人流与物流的分离是一个关键因素，合理规划两者的流动路线，可以有效地避免因交叉而导致的拥堵，消除安全隐患。通过精细化设计，能够提高空间的使用效率和安全性。例如，在大型商场或综合性建筑中，分别设置独立的人流和物流通道，确保顾客和货物的流动互不干扰，从而提升整体运营效率。精细化设计不仅提高了建筑的功能性，也增强了使用者的安全感。

流线设计还需考虑紧急疏散的需求，这是建筑设计中不可忽视的安全因素。在发生突发事件时，人员能够快速、安全地撤离是衡量建筑设计优劣的重要标准。因此，设计师在规划流线时，应充分考虑紧急出口的设置和疏散路线的布局，以增强建筑的应急响应能力。精细化的设计思维，不仅提升了建筑的安全性，也为使用者提供了更安心的环境。

同时，流线设计应结合空间的自然采光与通风设计，以优化流线布局。通过合理的设计，使空间在满足功能需求的同时，也能够提升舒适度和节能效果。这种设计理念强调了人与环境的和谐共处，注重可持续发展。在建筑设计中，充分利用自然光和自然通风，不仅降低了能源消耗，还为用户创造了一个更加舒适的环境。精细化的设计方法，体现了现代建筑设计中人性化和环保化的趋势。

（三）功能区划分精细化

在建筑工程设计中，功能区划分的精细化是提升建筑空间使用效率的关键所在。功能区划分应基于用户活动的实际需求，确保每个区域能够有效支持特定的功能。通过对用户行为的深入分析，设计师可以识别出不同活动对空间的具体要求，从而在设计方案中合理配置空间资源。精细化功能区划分不仅提升了空间的利用率，还能有效地减少资源浪费，确保建筑物在使用过程中的经济性和实用性。

功能区划分中必须考虑区域间的相互关系，以促进不同功能区之间的协作和交流。这种设计理念强调空间布局的整体性和连贯性，通过合理的流线设计和功能区的紧密衔接，建筑空间可以更好地支持用户的多样化需求。在实际应用中，设计师应根据项目的具体情况，灵活调整功能区的布局，以最大限度优化空间利用，提升建筑的综合性能。

在进行功能区划分时，灵活设计是不可或缺的策略之一。建筑设计应考虑未来使用需求的变化，预留出调整和扩展的可能性。通过灵活的设计方案，建筑空间可以在使用过程中不断适应新的需求，延长其使用寿命。前瞻性的设计思维不仅有助于提高建筑的适应性，还能为客户带来长期的经济效益。

功能区划分还应充分考虑环境因素，如自然采光和通风，这些因素对用户的舒适度和空间的整体性能有着重要影响。在设计过程中，设计师需要综合考虑建筑的地理位置、气候条件等环境因素，优化功能区的布局和朝向，以最大化利用自然资源。环境友好的设计方式不仅提升了用户的体验，也符合可持续发展的理念，为建筑工程的精细化管理提供了有力支持。

四、结构设计与材料选择的精细化考量

（一）结构设计的精细化

在建筑工程设计阶段，结构设计的精细化优化是确保建筑安全性和经济性的关键环节。通过精细化优化，工程师能够在设计阶段预先识别和解决潜在问题，从而提高建筑的整体性能。结构设计中的负荷分析是优化的基础，通过全面分析建筑所需承受的静态和动态荷载，确保设计方案能够满足实际使用要求。负荷分析的准确性直接影响建筑的安全性和稳定性，因此，采用先进的分析工具和方法显得尤为重要。

为了进一步提升结构设计的精细化水平，先进的计算方法如有限元分析（FEA）被广泛应用于建筑工程中。有限元分析能够对复杂结构进行详细的模拟，识别潜在的薄弱环节，并提供优化建议。有限元分析方法不仅提高了设计的精确性，还能有效减少设计失误和施工风险。在设计过程中，结合材料性能与结构要求，选择适合的建筑材料也是精细化优化的重

要组成部分。通过合理的材料选择，可以在满足建筑强度和耐久性的同时，降低整体建筑成本。

此外，结构设计的可持续性评估也是精细化管理的重要内容。通过优化材料使用和结构形式，工程师可以有效减少资源浪费和环境影响，从而提升建筑的绿色性能。可持续性评估不仅关注当前的设计需求，还考虑未来的使用和维护成本。为了确保设计方案的长期有效性，建立结构设计的动态监测系统是必要的。通过实时数据反馈，设计和施工方案可以根据实际情况进行及时调整，确保建筑结构的长期安全与性能。动态监测不仅可以延长建筑的使用寿命，还能为未来的设计提供宝贵的数据支持。

（二）精细化材料选择的标准

材料性能的标准化评估是其核心之一，包括对材料强度、耐久性和抗腐蚀性的全面分析。以上性能指标不仅决定了材料能否满足设计要求，还影响其在使用环境中的表现。标准化评估的实施有助于确保材料在不同环境下的可靠性和安全性，从而为建筑的整体质量提供保障。通过严格的标准化评估，可以有效减少材料在使用过程中的不确定性，提升建筑工程的稳定性和使用寿命。

同时，材料选择过程中必须考虑其环境影响。优先选择可再生和环保的建筑材料，这不仅是顺应全球可持续发展趋势的必要举措，还是提升建筑绿色性能的关键。通过选择低碳排放、可循环利用的材料，可以显著降低建筑对环境的负面影响。这样的选择不仅符合现代建筑的绿色标准，也为未来建筑的发展提供了方向。材料的环境影响评估成为建筑工程设计中的重要环节，推动了绿色建筑的普及和发展。

经济性标准的制定是材料选择中的重要方面。对材料进行成本效益评估，包括采购成本、维护成本和使用寿命，是优化整体项目预算的有效途径。通过精细化的经济性分析，可以在保证质量的前提下，降低工程的总体成本。经济性标准的实施不仅有助于项目的资金管理，也提高了建筑工程的投资回报率。标准化管理使资源的配置更加合理，确保项目的经济效益最大化。

适应性标准的建立是为了确保材料能够在不同气候条件和使用场景中保持优良性能。建筑工程往往面临复杂多变的环境挑战，因此，材料的适应性成为设计阶段的重要考量因素。通过对材料适应性的全面评估，可以提升建筑的适应能力，确保其在不同环境下的稳定性和耐久性。适应性标准的应用，不仅提高了建筑的使用性能，也为其在全球多样化市场中的应用提供了可能性。

五、精细化控制建筑能耗与节能设计

（一）能耗评估与分析

能耗评估的标准化流程是确保建筑设计阶段能够系统性地收集和分析能耗数据的基础。通过建立完整的能耗评估体系，设计团队可以在早期阶段识别潜在的能耗问题，并制定相应的改进策略。标准化流程不仅有助于提升分析的准确性，还能确保不同项目之间的数据可比性，为行业标准的制定提供依据。

采用建筑能耗模拟软件是现代建筑设计中不可或缺的工具。通过建筑能耗模拟软件，设计团队可以在建筑使用的不同场景下预测其能耗表现。能耗预测不仅为设计决策提供了可靠的数据支持，还能帮助设计师在方案初期就考虑节能因素，从而在后续的设计中减少不必要的能耗浪费。建筑能耗模拟软件的应用可以通过多次迭代优化设计方案，最终实现建筑能效最大化。

建立能耗监测机制是实现建筑能效优化的重要步骤。在建筑运营过程中，实时收集能耗数据有助于识别实际使用中的能效问题。通过对这些数据的分析，设计团队可以及时调整设计方案，以优化建筑的能效表现。能耗监测不仅是对设计方案的验证，也是对建筑运营阶段能效管理的延续，确保建筑在全生命周期内的能效表现达到最佳。

实施能耗分项分析是识别建筑各功能区域能耗特点的有效方法。通过对不同区域的能耗进行详细分析，设计团队可以有针对性地提出节能设计改进建议。能耗分项分析不仅可以提高节能设计的精度，还能帮助识别建筑中能耗较高的区域，为后续的节能改造提供有力支持。通过精细化的能耗分析，建筑设计可以更好地满足可持续发展的要求。

（二）节能技术应用

1. 采用高效能建筑材料

在建筑工程设计阶段，节能技术的应用是实现建筑能耗精细化控制的关键。采用高效能的建筑材料是节能设计的重要组成部分。例如，绝热材料和低辐射玻璃的使用，可以显著减少建筑物的热损失，提高整体能效。以上材料通过降低热传导和辐射损失，减少了建筑物内部的制冷和供暖需求，从而降低了能耗。此外，低辐射玻璃能够有效阻挡红外线和紫外线的透过，减少室内温度波动，进一步提升了建筑物的节能效果。

2. 运用智能建筑系统

智能建筑系统的运用是现代节能设计的重要方面。通过传感器和自动控制技术，可以优化建筑物的空调、照明和其他设备的能耗管理。以上系统能够根据实时环境和使用需求，自动调整设备的运行状态，避免能源浪费。例如，智能照明系统可以根据自然光线的变化自动调节灯光亮度，而智能空调系统可以根据室内外温度变化自动调节制冷或制热模式。精细化的能耗管理不仅提升了建筑物的能源使用效率，还为用户提供了更舒适的居住环境。

3. 利用可再生能源技术

利用可再生能源技术是减少建筑物对传统能源依赖的有效途径。太阳能光伏系统和地热能的应用，可以为建筑物提供可持续的能源供应。太阳能光伏系统通过将太阳能转化为电能，为建筑的日常用电提供支持，而地热能通过地热泵系统为建筑物提供稳定的供暖和制冷。以上技术的应用不仅降低了建筑物的碳排放，还促进了可持续发展。此外，利用可再生能源技术还可以有效缓解电网压力，提高能源供应的安全性和稳定性。

4. 设计绿色屋顶和垂直绿化

设计绿色屋顶和垂直绿化是提升建筑物生态效益的重要手段。通过在建筑物的屋顶和立面种植植物，可以增强建筑物的自然通风和隔热性能。绿色屋顶能够有效降低建筑物表面的温度，提高室内环境的舒适度，同时减少空调使用频率。垂直绿化不仅美化了建筑物外观，还能够吸收空气中的二氧化碳和其他污染物，改善局部空气质量。以上设计措施不仅提升了建筑物的生态效益，还为城市环境提供了更多的绿色空间，促进了人与自然和谐共生。

（三）绿色建筑标准

首先，绿色建筑设计标准的制定需要全面考虑建筑的全生命周期，包括从设计、施工到运营以及最终的拆除阶段。通过全方位的考虑，绿色建筑标准能够确保资源的高效利用，并将环境影响降至最低。绿色建筑设计标准的实施不仅有助于减少建筑对自然资源的消耗，还能推动建筑行业的可持续发展。绿色建筑标准的核心在于平衡建筑的功能需求与环境保护之间的关系，从而实现建筑与自然和谐共生。

其次，在绿色建筑标准中，使用可再生和环保材料是一个重要方面。以上材料的选择不仅有助于降低建筑物对自然资源的依赖，还能减少施工过程中的环境污染。通过使用如再生木材、可再生能源系统和低 VOC 涂料等材料，建筑物能够在其生命周期内减少对环境的负面影响。此外，这些材料的使用还能够提高建筑物的整体能效，进而为实现节能减排目标提供支持。绿色建筑标准通过强调材料的可持续性，推动了建筑行业向更环保、更健康的方向发展。

再次，能效管理是绿色建筑标准中的关键要素。通过优化建筑的能源使用并引入智能管理系统，建筑物可以显著降低其能源消耗，实现节能目标。建筑的能源优化不仅涉及建筑物的设计阶段，还包括运营期间的能效监控和管理。智能系统的引入使建筑的能源使用更加高效、可控，从而减少不必要的浪费。通过精细化管理，建筑物能够在不牺牲使用者舒适度的情况下，实现能源的高效利用，达到节能减排的效果。

最后，绿色建筑标准包括对室内环境质量的要求，规定了建筑内部空气质量、采光和噪声控制等方面的具体指标，以确保使用者的健康和舒适。这些要求旨在创造一个健康、舒适的室内环境，提升使用者的生活质量。绿色建筑不仅关注外部环境的保护，也注重内部环境的健康。绿色建筑标准为建筑设计提供了一个全面的框架，确保建筑在各个方面都符合可持续发展的理念。

第三节　设计阶段的成本控制与资源分配

一、建立精细化成本控制目标与预算体系

（一）成本控制目标设定

明确的成本控制目标不仅有助于有效管理项目的财务资源，还能为项目的整体成功奠定基础。在设定成本控制目标时，需要综合考虑项目的规模、复杂性以及市场环境等多方面因素。通过科学合理的目标设定，项目团队能够在项目初期对可能的财务风险进行预估，并采取相应的风险管理措施。此外，成本控制目标的设定还应与项目的质量和进度目标相结合，确保在控制成本的同时，不对项目的其他关键目标产生负面影响。

明确成本控制的关键指标，包括直接成本和间接成本，以便对项目财务状况进行全面评估。直接成本通常包括材料、人工和设备等与项目直接相关的支出，而间接成本涉及管理费用、办公费用等不直接构成项目实体的支出。通过识别和监控成本控制的关键指标，项目管理团队可以更准确地掌握项目的财务健康状况，并在必要时采取纠正措施。精细化管理强调

对成本控制的关键指标的精确测量和分析，以便做出更为科学的财务决策。

建立动态预算调整机制，根据项目进展和市场变化，及时调整预算以适应实际需求。动态预算调整机制的建立需要项目管理团队具备敏锐的市场洞察力和快速反应能力，以便在市场条件发生变化时，能够迅速调整预算策略，确保项目资金的合理使用。动态预算调整机制要求项目团队定期对预算执行情况进行评估，并根据实际情况进行调整，以确保项目始终在预算范围内高效运行。

制定成本控制责任分工，明确各部门和团队在成本控制中的具体职责和权限，确保各参与方协同工作。有效的责任分工能提高项目团队的工作效率，并减少因职责不清导致的资源浪费和管理混乱。通过明确各部门和团队在成本控制中的角色和责任，项目管理者可以更好地协调各参与方资源，确保成本控制措施的有效实施。同时，责任分工也有助于提高团队成员的责任感和积极性，推动实现项目目标。

（二）预算体系构建

1. 明确项目的总体目标

一个完善的预算体系不仅能有效控制项目成本，还能提高资源利用效率，确保项目按计划进行。预算体系的构建需要明确项目的总体目标，并分解为各个阶段的具体预算指标。在这一过程中，需要综合考虑设计方案、材料选择、施工技术等多方面因素，确保预算的科学性和可操作性。此外，预算体系的构建还应具备一定的灵活性，以适应项目实施过程中可能出现的变化。

2. 建立详细的预算编制流程

建立详细的预算编制流程是预算体系构建的关键步骤。预算编制流程需要涵盖项目的各个环节，从设计、采购到施工，每个阶段的预算都需要精细化管理。通过制定标准化的预算编制流程，可以确保各项成本预算能够按照项目进度和需求逐步细化和调整。这不仅有助于提高预算编制的准确性，还能增强预算的透明度和可追溯性。在预算编制过程中，项目团队需要密切合作，确保每个环节的信息沟通顺畅，以便及时调整预算，满足项目的实际需求。

3. 引入成本预测模型

引入成本预测模型是提高预算编制科学性的重要手段。通过对历史数据和市场趋势的分析，成本预测模型可以为预算编制提供科学依据和参考。成本预测模型能够帮助项目团队识别潜在的成本风险，并制定相应的应对策略。在建筑工程项目设计阶段，市场价格波动和技术更新换代等因素都会对预算产生影响。因此，利用成本预测模型进行动态分析，能够提高预算的前瞻性和适应性，为项目的顺利实施提供保障。

4. 设定预算执行监控机制

设定预算执行监控机制是确保预算有效执行的重要措施。通过定期对实际支出与预算进行对比分析，可以及时发现偏差并进行调整。预算执行监控机制需要涵盖项目的整个生命周期，从设计阶段的预算编制到施工阶段的预算执行，每个环节都需要进行严格的监控和管理。通过设定预算执行监控机制，项目团队可以及时识别预算执行中的问题，并采取相应的纠正措施，确保项目成本控制在预定范围内。

5. 实施预算责任制

实施预算责任制是提高预算执行效率的有效途径。预算责任制明确了各部门在预算执行中的职责，确保每个环节都能有效控制成本。在预算责任制下，各部门需要对其负责的预算部分进行精细化管理，并对预算执行结果负责，不仅能提高预算执行的效率，还能增强各部门的成本控制意识。在实施预算责任制过程中，需要建立完善的绩效考核机制，以激励各部门积极参与预算管理，提高项目整体的成本控制水平。

二、精细化分析设计方案的成本构成

（一）成本构成要素识别

在建筑工程项目设计阶段，识别成本构成要素是确保项目预算编制准确性和全面性的关键步骤。通过系统化地识别直接成本，如材料费、人工费和机械使用费等，项目管理者能够更加精准地估算工程所需的资源投入。直接成本构成项目预算的核心部分，其准确识别不仅有助于控制项目支出，还能在项目实施阶段提供重要的决策支持。直接成本的管理需要结合市场动态和工程需求，以便在预算编制时考虑价格波动、资源短缺等问题。

间接成本的分析是理解项目成本结构的重要环节。管理费、保险费和税费等间接成本虽然不直接参与生产过程，但其对项目总成本的影响不可忽视。通过精细化分析间接成本，项目管理者可以更全面地了解项目的财务状况，进而为项目的整体成本控制提供可靠的数据支持。间接成本的管理需要结合政策法规及行业标准，确保各项费用的合法合规性，并在预算中合理反映。

成本构成中，固定成本与变动成本的区分对于理解各类成本在不同阶段的变化趋势至关重要。固定成本如设备折旧、长期租赁费用等，在项目生命周期内保持相对稳定，而变动成本随着项目进度和施工条件的变化而波动。明确成本的性质和变化趋势，可以为项目管理者提供成本控制依据，帮助管理者在不同阶段采取针对性的管理措施，以优化资源配置和控制项目总成本。

成本风险因素的识别是成本控制中的重要环节。建筑工程项目中，成本增加的风险可能来自外部因素，如市场价格波动、政策变化等，也可能来自内部因素，如设计变更、工程延期等。通过对成本风险因素的深入分析，项目管理者可以制定相应的应对策略，降低成本超支的可能性。风险管理的有效性直接影响项目的成本控制水平，因此需在成本识别阶段就将风险因素纳入考虑范围，以便在项目实施过程中及时调整管理策略。

（二）成本构成优化策略

在建筑工程项目设计阶段，优化材料采购策略是其中的一项关键措施。通过建立长期合作关系和采购联盟，企业可以获得更具竞争力的材料价格和更有利的优惠条件，从而有效地降低材料成本。优化材料采购策略不仅能确保材料供应的稳定性，还能通过规模效应降低采购成本。此外，合理的采购计划和市场价格的动态监测也有助于在合适的时机采购，进一步优化成本构成。

人工成本控制是成本优化的重要环节。通过合理安排员工的工作时间和优化工种配置，可以有效减少不必要的加班现象和人力资源浪费，从而提高劳动力使用效率。精细化管理强调对每一个工种的合理分配和调度，以确保每位员工都在其最擅长的岗位上发挥作用。这不仅提高了工作效率，还能在一定程度上提升工程质量，减少因人力资源管理不当而导致成本浪费。

引入先进的施工技术和设备是降低施工成本的重要策略。在建筑工程项目中，技术进步为施工过程提供了更高效的解决方案。通过采用新技术和新设备，可以减少施工过程中的材料浪费和时间延误，从而降低整体施工成本。尤其在大型工程项目中，先进技术的应用可以显著提高施工效率，缩短工期，同时降低因时间延误而增加的成本。

项目全过程的成本管理是实现成本优化的基础。通过及时监控和分析各阶段的成本数据，管理者可以在项目实施过程中进行动态调整和优化。项目全过程的成本管理不仅能及时发现和解决问题，还能为后续项目提供宝贵的数据支持和经验积累。动态的成本管理策略使项目能够在预算范围内高效运作，同时确保资源的合理分配和使用。

三、优化设计方案以降低成本风险

（一）成本风险识别

在建筑工程项目设计阶段，成本风险识别是精细化管理的重要组成部分。识别项目初期的潜在成本风险是预算编制的关键步骤。设计变更、材料价格波动和施工延误等因素，常常成为成本超支的主要原因。因此，在项目初期阶段，必须对潜在风险进行详细分析与预判。通过对历史项目数据的分析，结合当前市场趋势，可以提前识别出可能影响成本的变动因素，从而为后续的决策提供可靠依据。

外部环境因素对成本的影响不容忽视。市场需求的变化、政策法规的调整以及自然灾害等都是导致成本上升的风险源。建筑工程项目往往周期较长，这意味着在项目实施过程中，外部环境随时可能发生显著变化。因此，项目管理者需要建立动态监测机制，及时获取市场和政策的最新信息，以便迅速调整项目策略，降低外部环境对成本的负面影响。

项目内部管理因素对成本风险具有重要影响。团队协作不畅、资源配置不合理和技术能力不足，都会导致项目成本增加。为了确保项目顺利实施，必须加强团队建设，提高团队成员的协作能力，并合理分配资源。此外，技术能力的提升也是降低成本风险的重要手段。通过引入先进的设计软件和管理工具，可以提高工作效率，减少因技术问题导致的成本浪费。

供应链的稳定性是影响项目成本的重要因素之一。与供应商的关系密切程度、交货期和质量控制等，都对项目成本有直接影响。为了降低因供应问题导致的成本增加，项目管理者需要与供应商建立长期稳定的合作关系，确保供应链的可靠性。此外，定期评估供应商的交货能力和产品质量，及时发现并解决潜在问题，也是降低成本风险的有效措施。通过以上手段，可以有效地减少供应链不稳定带来的成本超支风险。

（二）成本风险规避策略

1. 建立风险评估机制

在建筑工程项目设计阶段，成本风险的控制是项目成功的关键。成本风险规避策略的实施需要建立在全面的风险评估机制之上。通过定期对项目进展进行全面分析，能够识别潜在的成本风险，并制定相应的应对措施。这一过程不仅要求对设计方案进行细致的审查，还需结合市场动态和项目特性，确保风险评估的全面性和准确性。通过建立风险评估机制，项目管理团队能够提前识别潜在的风险因素，如材料价格波动、设计变更和施工延误等，并制订相应的解决方案，以减少对项目整体成本的影响。

2. 与供应商稳定合作

与供应商建立稳定的合作关系是降低成本风险的重要策略。通过签订长期合同和实施价格锁定策略，能够有效地降低材料价格波动带来的风险。这种合作关系不仅能保证材料及时供应，还能通过规模效应降低采购成本。此外，稳定的合作关系有助于提高供应链的可靠性和透明度，从而减少因材料短缺或质量问题导致的额外成本。通过与供应商建立稳定的合作关系，项目管理团队能够更好地控制预算，并在项目实施过程中保持成本的稳定性。

3. 运用项目管理软件

运用项目管理软件是现代建筑工程项目管理中不可或缺的工具。通过实时监控项目成本和进度，项目管理团队能够及时发现异常情况，并进行必要的调整。实时监控能力使项目管理者能够迅速响应各种突发状况，避免因延误导致的额外成本。项目管理软件还提供了数据分析和报告功能，帮助管理者更好地理解项目的财务状况和进展情况，从而做出更为明智的决策。

4. 制定应急预案

制定应急预案是成本风险规避策略中的重要环节。针对可能的设计变更和施工延误，提前设定预算缓冲是确保项目在突发情况下仍能控制成本的有效措施。应急预案需要考虑各种可能的风险情境，并为每种情况设定相应的对策和预算。通过制定应急预案，项目管理团队能够在面对不可预见的挑战时，保持项目的连续性和稳定性，确保工程按计划完成，同时将成本控制在预算范围内。

四、合理配置设计资源以提高效率

（一）资源配置原则

资源配置原则要求在项目的初始阶段就明确资源配置的优先级。这意味着需要根据项目的关键节点和具体需求，合理分配人力、物力和财力资源，以确保关键任务顺利推进。建筑工程设计项目通常涉及多个专业团队合作，每个团队都有其独特的任务和需求。因此，优先级的明确不仅有助于资源合理分配，也能有效避免资源浪费和重复使用。在项目的不同阶段，资源需求可能会有所不同，因此需要根据项目的进展情况，灵活调整资源分配。动态调整机制可以确保资源的使用既高效又具有适应性。

为了实现资源配置的高效性，建立资源配置的动态调整机制是必不可少的。建筑工程设计项目的复杂性和不确定性要求项目管理者能够根据项目进展和实际需求的变化，灵活调整资源分配。动态调整机制不仅需要项目管理者具备良好的预测能力和应变能力，还需要有一套完善的调整流程和标准，以指导资源的重新分配。在资源配置过程中，项目管理者应当密切关注项目的进展情况，及时识别资源需求的变化，并根据实际情况调整。灵活的资源配置方式可以有效提高资源的使用效率，避免资源浪费和不足。

优化资源配置的协同机制是提高资源利用效率的关键。建筑工程设计阶段涉及多个部门和团队的协作，资源的合理配置需要各部门之间信息共享与协作。通过建立有效的协同机制，可以促进各部门之间的沟通与合作，确保资源的合理利用和效益最大化。在协同机制建立过程中，信息技术的应用可以发挥重要作用。通过信息化管理平台，各部门可以实现资源使用信息实时共享，有效减少信息不对称和沟通障碍。此外，优化的协同机制还可以帮助识别资源配置中的潜在问题和瓶颈，及时采取措施调整和改进。

实施资源配置的绩效评估是资源管理的重要环节。通过定期对资源使用情况进行分析，可以识别资源浪费和不足之处，为持续改进资源管理策略提供依据。绩效评估包括对资源使用效率、资源分配合理性以及资源管理效果的全面分析。在评估过程中，项目管理者应当收集和分析各项资源使用数据，识别影响资源使用效率的关键因素，并根据评估结果调整资源配置策略。通过不断优化资源管理策略，可以提高资源使用效率，降低项目成本，提高项目整体效益。同时，绩效评估也有助于总结资源管理的经验和教训，为后续项目的资源配置提供参考和指导。

（二）资源利用效率提升

1. 实施资源共享机制

通过合理的资源配置，不仅可以提高项目的整体效率，还能有效降低成本。实施资源共享机制是提升资源利用效率的重要途径。通过鼓励不同项目和部门之间共享设备和人力资源，可以大大降低重复投资的风险，从而提高资源利用率。例如，在大型建筑工程中，各项目之间可能需要使用类似的设备，如起重机和混凝土搅拌机。如果能实现设备共享，不仅可以减少设备闲置时间，还能降低项目的租赁和维护成本。此外，跨部门的人力资源共享也能在人员调配上提供更大的灵活性，有助于在不同项目需求之间实现人力资源的最优配置。

2. 引入智能化管理系统

引入智能化管理系统是提高资源利用效率的有效策略。通过数据分析，管理者可以实时监控资源的使用情况，从而能够迅速作出调整，避免资源闲置和浪费。智能化管理系统可以提供详细的资源使用报告，帮助识别资源配置中的不足之处，并根据实时数据做出合理的资源调配决策。例如，在施工过程中，通过智能化系统可以及时发现某一设备在某一阶段的使用频率和效率，从而决定是否需要调整其在项目中的配置。动态的资源管理方式不仅提高了资源的利用效率，还为项目的顺利推进提供了有力保障。

3. 优化项目进度计划与资源配置

优化项目进度计划与资源配置的结合是提升资源利用效率的重要举措。在建筑工程中，施工进度与资源配置密切相关，合理的进度计划能够确保在关键节点上集中资源，从而提高施工效率。通过精细化的项目管理，确保资源能够在需要时及时到位，并在不需要时合理调配到其他项目中，可以减少资源闲置时间，提升整体项目的效率。例如，在某一阶段需要大量人力时，可以提前规划并调配其他阶段的闲置人员，以确保在关键节点上资源的集中与高效使用。

4. 定期开展资源使用评估

开展定期的资源使用评估是提升资源管理水平的关键环节。通过定期分析各类资源的使用效率，管理者可以识别出项目中存在的低效环节，并提出相应的改进措施。资源使用评估不仅包括对设备和人力资源的使用情况分析，还涉及对材料和技术资源的评估。通过对以上资源的全面分析，项目管理者能够更好地理解资源配置的实际效果，并在此基础上制定更为有效的资源管理策略。持续的评估和改进过程，有助于形成一个良性的资源管理循环，确保资源利用效率不断提升。

第四节　设计阶段的风险管理与精细化措施

一、建筑工程设计阶段的风险识别与评估

（一）风险识别方法

风险识别方法在建筑工程设计阶段至关重要，其目的在于全面识别潜在的风险因素，以确保项目顺利进行。开展专家访谈是识别风险的重要手段。通过邀请建筑设计、施工及管理领域的专业人士参与访谈，可以系统地识别出潜在的风险因素。专家访谈不仅确保了风险识别的全面性，还提升了风险识别的专业性，使风险识别更加精准。专家的经验和专业知识为项目的风险识别提供了宝贵的参考，使项目团队能够更好地预见和规避潜在的风险。

利用问卷调查收集项目相关方的意见和建议，是一种有效的风险识别方法。通过问卷调查，可以识别设计阶段可能存在的风险，增强风险识别的广泛性。问卷调查能够覆盖不同的项目相关方，包括业主、设计师、施工方等，从而获取多方面的见解。多元化的意见收集方式，有助于全面了解项目可能面临的风险，并为制定相应的风险管理措施提供依据。

实施头脑风暴会议是识别风险的重要策略。通过促进项目团队成员的自由讨论，头脑风暴会议能够集思广益，识别出多样化的风险因素。头脑风暴会议不仅提升了识别的全面性，还能激发团队成员的创造性思维，从而发现隐藏的风险。头脑风暴会议的开放性和互动性，使团队成员能够在轻松的氛围中分享各自的见解与经验，为风险识别提供了新的视角和思路。

通过分析历史项目数据，识别过去项目中出现的风险及其影响，为当前项目的风险识别提供参考依据。分析历史项目数据依赖对历史数据的深

入分析，通过总结过去项目的经验教训，识别出常见的风险模式及其影响。这不仅有助于提高风险识别的准确性，还为制定有效的风险应对措施奠定了基础，使项目团队能够更好地预测和管理风险。

（二）风险优先级排序

在建筑工程设计阶段，风险优先级排序是一个关键步骤，旨在识别和评估各种潜在风险的严重性和可能性，以便有效配置资源。风险优先级排序的核心在于识别风险因素的影响程度，特别是那些可能导致重大后果的风险。这些风险通常对项目的安全、质量、进度和成本产生深远的影响。因此，优先考虑这些风险有助于确保资源集中在最关键的风险管理上，从而提高风险管理的整体效率和效果。通过风险优先级排序，项目团队能够更好地预见和应对潜在挑战，确保项目顺利进行。

在风险优先级排序中，风险发生的概率是一个重要的考量因素。通常，发生频率较高的风险会对项目的不确定性产生较大影响，因此需要优先处理。通过对风险发生概率进行分析，可以帮助项目管理者识别哪些风险最有可能影响项目的成功，并采取相应的措施来降低这些风险发生的可能性。以概率为基础的风险排序方法，有助于在项目早期阶段进行有效的风险规避和管理，从而减少项目实施过程中可能出现的突发事件。

评估风险对项目进度的潜在影响是风险优先级排序的一个重要方面。在建筑工程设计阶段，工期延误是一个常见且代价高昂的问题。因此，优先关注那些可能导致工期延误风险是至关重要的。通过对工期延误风险的深入分析，项目团队可以制定有效的应对策略，确保项目的时间节点得以维护。这不仅有助于项目按时交付，还能提高项目的整体效率和客户满意度。

在成本控制方面，分析风险对项目预算的影响同样重要。那些可能导致预算超支的风险应被列为优先处理对象，以确保项目的财务健康。在建筑工程设计阶段，成本超支常常是由于对风险因素的低估或忽视所导致的。通过对风险的优先级排序，项目管理者可以更好地控制预算，减少不必要的开支，确保项目在财务收支上保持平衡。

（三）风险评估标准

在建筑工程设计阶段，风险评估标准的制定是确保项目顺利推进的关键环节。风险评估的定量与定性分析相结合，能够确保对风险的全面理解和评估。定量分析提供了客观的数值依据，而定性分析则补充了对风险性质的深入理解。通过定量与定性分析相结合，项目团队可以在评估过程中更全面地识别潜在风险，并制定相应的应对策略。同时，这也有助于在复杂的工程背景下，更加精准地把握风险的动态变化，提升风险管理的整体水平。

明确风险评估的评价标准是风险管理的基础。评价标准通常包括风险的影响程度、发生概率和可控性等关键指标。影响程度评估风险对项目目标的潜在影响，发生概率则预测风险事件发生的可能性，而可控性则衡量项目团队对风险的掌控能力。通过对这些标准的明确化，项目管理者可以有效地对风险进行排序和优先级管理，从而确保在资源有限的情况下，能够集中力量应对最具威胁的风险。优先级管理不仅提高了风险应对效率，也为项目顺利实施提供了保障。

设定风险评估的时间框架是确保风险管理持续有效的关键措施。在建筑工程设计阶段，项目的各个阶段可能面临不同的风险，因此需要在合适的时间节点进行风险评估与更新。通过设定明确的时间框架，项目团队可以在项目推进的不同阶段，及时识别新出现的风险，并调整风险应对策略。动态风险评估机制，不仅提升了风险管理的灵活性，也为项目的顺利推进提供了及时的风险信息支持。

利用数据驱动的方法，通过历史数据分析与模拟，能够显著增强风险评估的科学性与准确性。在现代建筑工程中，大量的历史数据可以为风险评估提供丰富的参考依据。通过数据分析，项目团队可以识别出潜在的风险，并利用模拟技术预测风险事件的可能影响。数据驱动的风险评估方法，不仅提高了风险识别的准确性，也为制定科学的风险应对策略提供了坚实的基础。通过数据驱动，项目团队可以在复杂的工程环境中，保持对风险的高度敏感性和应对能力。

二、精细化制定风险应对策略与预案

（一）风险应对策略的精细化设计

1. 明确风险的具体响应措施

在建筑工程设计阶段，风险应对策略的精细化设计是确保项目顺利进行的关键。制定风险应对策略时，首先明确各类风险的具体响应措施，包括规避、转移、减轻和接受等多种策略。通过对风险的精细化分析，项目团队能够在不同风险情境下采取最为有效的应对措施。规避策略通常用于那些可能对项目造成重大影响且无法承受的风险，通过改变设计方案或采用替代技术来避免风险的发生。转移策略是通过合同或保险将风险转移给第三方，以降低项目自身的风险负担。减轻策略涉及采取措施降低风险发生的概率或影响，如加强质量控制或增加安全检查。接受策略是在风险影响较小且成本效益合理的情况下，选择接受风险并作好应对准备。

2. 建立风险应对责任制

在建筑工程设计阶段，明确团队中各成员在风险应对过程中的职责与权限至关重要。每个风险都应有专人负责跟进和落实，以确保风险应对措施能够有效执行。这种责任制不仅可以提高团队的风险管理能力，还可以增强成员的责任感和积极性。此外，定期进行风险应对策略的评审与更新也是必不可少的。随着项目的推进和外部环境的变化，原有的风险应对措施可能不再适用，此时需要及时调整策略以保持其有效性和适应性。通过定期评审，项目团队可以识别新的风险，并在早期阶段就采取适当措施进行应对。

3. 应用情景分析法

通过模拟不同风险情境下的应对效果，团队可以更好地理解风险应对策略的潜在影响和可行性。情景分析法不仅帮助团队预测可能的风险发展路径，还能为决策提供数据支持，提高应对策略的科学性和合理性。此外，加强风险沟通机制也是精细化管理中不可忽视的一环。确保所有相关方及时了解风险情况及应对措施，有助于促进信息共享和协作，从而提升整体风险管理效率。有效的沟通机制可以消除信息不对称，增强团队凝聚力，并为项目的成功实施提供有力保障。通过精细化措施，建筑工程设计阶段的风险管理将更加高效和可靠。

（二）预案实施的精细化流程

在建筑工程设计阶段，预案实施的精细化流程是确保风险管理有效性的关键。制定详尽的风险应对预案至关重要，包括具体的实施步骤、责任人和时间节点。这些要素的明确化有助于确保每个潜在风险都有相应的应对措施和执行计划，从而提高项目的整体安全性和可控性。通过精细化的管理方式，项目团队能够在风险发生时迅速采取行动，降低可能的损失。此外，明确责任分配和时间安排可以有效避免因职责不清或延误而导致风险扩大。

为了进一步提升风险管理的有效性，建立风险监测机制是不可或缺的一环。这一机制要求定期评估风险应对措施的有效性，并根据项目进展和外部环境的变化进行必要的调整。通过持续的监测和评估，项目团队可以及时发现潜在的风险变化，并迅速调整应对策略，以适应新的挑战和环境。动态的管理方式不仅能提高风险应对的灵活性，还能增强项目的整体适应能力，确保项目顺利推进。

在精细化风险管理中，落实风险沟通机制同样重要。通过有效的沟通机制，项目团队及相关利益方能够及时获取风险信息和应对策略，从而促进信息共享与协作。良好的沟通能够确保各参与方在风险应对过程中保持一致，有助于形成合力，提升风险管理的整体效率。信息的及时传递和共享能增强各参与方的信任和理解，为项目的成功实施奠定了坚实的基础。

为了检验预案的可行性与有效性，开展应急演练是一个不可或缺的步骤。通过模拟可能的风险情境，项目团队能够在真实的环境中测试预案的可操作性和有效性。演练不仅可以提升团队的应对能力和快速反应能力，还能帮助发现预案中的不足之处，为后续的优化提供依据。应急演练的经验积累将为项目的风险管理提供宝贵的实践指导。

三、设计阶段的风险监控与反馈机制

（一）风险监控系统的建立

通过建立一个全面的风险监控系统，可以有效地识别和管理设计过程中的潜在风险，确保项目的顺利推进。首先，需要建立一个实时监控平台，该平台能够集成各项设计数据，实现项目各阶段风险信息的及时更新与共享。实时监控平台可以帮助项目团队迅速获取风险相关信息，从而作出及时的反应，减少因信息滞后而导致风险失控。

其次，为了完善风险监控系统，需制定一套风险监控指标体系。这一体系应明确各类风险的监测标准与评估方法，从而便于量化风险状况。通过量化评估，项目团队能够更清晰地了解风险的严重程度和影响范围，进而采取相应的应对措施。此外，指标体系的建立也为后续的风险监控提供了明确的方向和依据，使风险管理更加科学和系统化。

再次，在风险监控过程中，实施定期风险评审机制是必不可少的。通过组织跨部门团队定期回顾风险监控结果，项目团队能够及时调整应对策略，确保风险管理的有效性。定期风险评审不仅能够帮助项目团队识别新的风险，还可以评估现有风险管理措施的有效性，为项目顺利实施提供保障。跨部门的参与也确保了不同专业视角的综合考虑，提高了风险管理的全面性和准确性。

最后，引入数据分析工具对风险监控数据进行深入分析，是提升风险管理水平的重要手段。通过对数据的深入分析，可以识别潜在问题，并为项目决策提供支持。数据分析工具能够帮助项目团队从大量的数据中提取有用的信息，识别出隐藏的风险趋势和模式，从而采取更加精准的管理措施。数据分析的引入不仅提高了风险监控的效率，也为项目的长期发展奠定了坚实的基础。

（二）风险反馈流程的优化

优化流程旨在确保风险信息能够在项目各相关方之间高效、透明地传递。通过建立明确的风险反馈渠道，所有参与方，包括设计师、工程师和管理人员，都可以及时提交风险信息和反馈。信息透明的流动有助于项目各相关方快速识别潜在问题，并为决策提供可靠依据。为了实现这一目标，必须设计一个清晰的反馈路径，确保信息不被遗漏或延迟，最大限度地降低风险对项目的影响。

建立风险反馈渠道是优化流程的重要步骤。一个有效的反馈渠道不仅要便于项目各相关方使用，还需确保信息传递的及时性和准确性。通过现代化的通信工具和信息管理系统，项目团队可以实现信息的快速共享和实时更新。这样，任何风险信息或反馈意见都能迅速传达到相关人员手中，确保项目各相关方都能在第一时间了解最新的风险动态，从而采取必要的应对措施。信息流动的透明性和及时性是精细化管理的核心要求。

制定风险反馈标准流程是确保反馈机制高效性和一致性的基础。标准流程应明确反馈的内容、频率及责任人，以便项目各相关方在处理风险信息时有章可循。具体来说，反馈内容应包括风险的描述、可能的影响、建议的应对措施等；反馈频率需根据项目的复杂性和风险程度进行合理设定；责任人需明确其在反馈流程中的角色和职责。风险反馈标准流程不仅提高了信息处理的效率，还确保了反馈机制在不同项目中的一致性。

定期召开风险反馈会议是增强团队协作与响应能力的有效方式。在风险反馈会议中，项目团队可以汇总各相关方的反馈意见，全面分析当前的风险状况，并讨论可能的改进措施。这一过程不仅有助于团队成员在风险管理上达成共识，还能促进不同部门之间的协作。通过共同分析和讨论，团队可以更好地理解风险的来源和影响，从而制定更加有效的风险应对策略，提高项目的整体管理水平。

实施反馈结果跟踪机制是确保反馈信息得到有效处理的最后一步。通过对反馈信息跟踪，项目团队可以评估采取措施的效果，并根据实际情况进行调整。持续的评估和优化过程是精细化管理的重要体现，确保风险管理流程不断改进和完善。通过定期的跟踪和评估，项目团队不仅能及时发现新的风险，还能总结经验教训，为后续项目提供宝贵的管理经验。闭环的反馈机制是精细化管理在风险控制中的核心策略。

四、风险管理与设计质量的协同优化

（一）风险管理对设计质量的影响

风险管理在建筑工程设计阶段扮演着至关重要的角色，其对设计质量的影响不可忽视。通过系统的风险评估，设计团队能够在设计阶段及时识别并解决潜在问题，从而减少设计错误和变更带来的影响。风险管理不仅有助于提高设计方案的准确性，还能确保设计过程顺利进行。通过识别和分析各种可能的风险，设计团队可以在决策过程中更全面地考虑多种可能性，进而提升设计的创新性和灵活性。多维度的考虑使设计方案更加完善，减少了后期修改的必要性。

有效的风险管理机制在设计团队中起到促进协作的作用。各部门在面对风险时，通过及时的沟通和协调，可以共同制定应对策略，确保设计质量提升。风险管理不仅仅是对潜在问题的防范，更是一种促进团队协作的工具。通过建立反馈机制，设计过程中的风险能够被持续监控，设计方案可以根据实时反馈进行调整，以满足质量标准和客户需求。动态的调整机制确保了设计成果的可行性和实用性。

风险管理强调对建筑工程设计阶段各类风险的全面分析，全面分析有助于制定相应的应对策略。通过对风险的深入理解，设计团队可以提前制定预防措施和应急方案，从而在建筑工程设计过程中减少不确定性带来的负面影响。全面的风险分析不仅提升了设计的可靠性，也增强了设计成果的实用性。建筑工程设计阶段的风险管理，因其对设计质量的深远影响，已成为建筑工程设计过程中不可或缺的一部分。有效的风险管理不仅提升了设计的成功率，也为确保建筑工程的整体质量良好提供了坚实的保障。

（二）设计质量提升的风险控制策略

设计质量提升的风险控制策略在建筑工程设计阶段至关重要。建立全面的设计质量标准是确保所有设计环节符合行业规范和客户要求的基础。这不仅有助于从源头上减少设计缺陷的发生，还能在整个设计过程中形成一个统一的质量基准。通过系统化的标准制定，可以有效地减少因设计不当引发的潜在风险，确保建筑工程设计的整体质量。

实施多层次的设计审查机制是提高设计质量的关键策略。定期组织专家评审和团队内部评审，能够及时发现和纠正设计中的潜在问题。多层次的审查不仅可以在设计初期发现问题，还能在建筑工程设计的各个阶段进行持续的质量监控。通过专家和团队的协作，设计方案可以在多重视角下得到验证和优化，从而提高最终设计的可靠性和质量。

加强设计团队的培训与知识共享是提升团队成员专业能力的重要手段。通过定期培训，设计团队成员可以及时掌握最新的行业标准和技术发展动态。同时，知识共享机制的建立，有助于团队成员在项目中相互学习和借鉴，提升风险识别意识。在这种环境下，团队成员能够更好地应对设计过程中的挑战，确保设计的高质量输出。

引入先进的设计工具和技术，如计算机辅助设计（CAD）和建筑信息建模（BIM），是提升设计精确性和可视化效果的重要措施。以上技术不仅提高了设计的精确度，还使设计方案的可视化程度大大增强，有助于设计团队和客户之间的沟通与理解。通过技术的应用，设计团队能够更高效地完成复杂的设计任务，减少发生人为错误。

第四章

精细化管理在建筑工程施工阶段的应用

第一节　施工进度管理的精细化控制

一、施工进度计划的精细化编制方法

（一）计划编制原则

在建筑工程施工管理中，施工进度计划的精细化编制是确保项目顺利推进的关键。施工进度计划应明确项目的关键路径，通过对关键路径的识别，管理者能够合理配置资源，优化施工顺序，从而提高施工效率。关键路径的识别不仅帮助管理者掌握项目的核心任务，还能在资源有限的情况下，优先保障关键工序顺利进行，避免资源浪费和施工延误。此外，施工进度计划的制订需考虑施工现场的实际情况。地形的复杂性、气候条件的多变性及周边环境的影响都可能对施工进度产生重要影响。因此，在计划编制过程中，需要对这些因素进行详细分析，以提高计划的可行性和准确性。

施工进度计划的精细化编制需设定合理的时间节点和里程碑。时间节点和里程碑不仅是对施工进度的阶段性评估工具，也是工程管理的重要控

制手段。通过设定时间节点，项目管理者可以对施工进度进行定期检查和调整，确保项目按照预定计划推进。同时，合理的时间节点安排也有助于各施工方协调工作，避免因信息不对称导致施工延误。在计划编制过程中，还需充分考虑各工序之间的相互影响。建筑工程施工是一项复杂的系统工程，各工序之间的衔接顺畅与否直接影响施工的整体进度。因此，需在计划编制时，详细分析各工序的逻辑关系，确保各项任务的无缝衔接，避免因单一环节延误而影响整体进度。

为了应对施工过程中可能出现的各种不确定因素，施工进度计划需建立动态调整机制。在施工过程中，外部环境和施工条件可能会发生变化，如天气突变、材料供应延迟等，都会对施工进度产生影响。因此，建立动态调整机制，及时修正进度计划，显得尤为重要。通过动态调整，项目管理者可以根据实际施工进展和外部环境变化，及时调整施工计划，确保项目按期完成。灵活的管理方式，不仅提高了计划的适应性和可操作性，也为施工过程中可能出现的突发状况预留了调整空间，保障了项目顺利推进。

（二）计划细化步骤

在建筑工程施工阶段，精细化管理的核心在于施工进度计划的细化。明确各施工阶段的任务分解是计划细化的首要步骤。不仅要求对每个工序进行详细的任务分解，还需确保每个工序的具体责任人和完成标准清晰可见。细化的过程有助于提高施工的透明度和可控性，使项目管理者能够更好地掌控施工进度。通过责任到人和标准明确的方式，施工团队可以更加精准地执行每一个任务，从而减少由于责任不清导致的工期延误。

根据施工现场的实际情况，制订详细的资源配置计划是精细化管理的重要环节，包括人力、物资和设备的调度安排。合理的资源配置计划不仅能提高施工效率，还能有效降低项目成本。施工现场的动态变化要求项目管理者具备灵活的资源调配能力，以应对突发情况。通过精细化的资源管理，施工项目能够在资源有限的情况下，最大化地实现效率和效益的平衡，为项目的顺利推进奠定坚实的基础。

设定合理的工期和时间节点是施工进度计划的关键。结合项目的实际进展，进行阶段性评估和调整，可以确保项目按计划推进。精细化管理强调对工期的科学设定，避免盲目压缩工期导致出现质量问题。通过阶段性的评估，管理者可以及时调整施工计划，优化资源配置，确保各阶段目标的实现。合理的工期设置不仅有助于提升项目的整体效率，还能提高施工团队的工作积极性。

建立施工进度监控机制是确保施工进度计划有效执行的必要手段。定期收集和分析施工数据，能够及时发现并解决潜在的进度问题。通过监控机制，管理者可以实时掌握施工进度，及时调整资源配置和施工策略，确保项目按计划推进。施工进度监控机制不仅是管理者的工具，也是施工团队的指南，帮助施工团队在复杂的施工环境中保持方向和目标的明确性。

（三）计划调整机制

1. 建立动态反馈机制

在建筑工程施工阶段，计划调整机制是确保施工进度管理精细化的关键环节。建立施工进度的动态反馈机制是其中的重要组成部分。通过定期收集现场实际进度与计划进度的对比数据，施工管理者能够及时识别偏差。动态反馈不仅有助于迅速发现问题，还能为后续的调整提供数据支持。与传统的静态计划相比，动态反馈机制能够更灵活地应对施工现场的复杂变化，从而提高施工计划的适应性和有效性。

2. 设立跨部门沟通协调机制

在施工过程中，各相关部门的协同作业直接影响施工进度调整的效率。通过建立高效的沟通渠道，确保信息能够快速传递，各部门在接到调整指令后能够迅速响应，避免因信息滞后造成施工延误。沟通协调机制不仅提升了施工效率，也增强了各部门之间的协作能力，为顺利完成施工任务奠定了基础。

3. 引入信息化管理工具

为了进一步提升计划调整的效率，引入信息化管理工具是现代施工管理中不可或缺的手段。利用项目管理软件，可以实时跟踪施工进度的变化，快速生成调整建议。这些工具不仅提高了施工进度调整的效率和准确性，还为管理者提供了更全面的决策支持。信息化管理工具的应用，使施工进度的调整更加科学和精准，有效地减少了人为因素对计划调整的干扰。

4. 制定明确的责任追究制度

制定明确的责任追究制度，对因施工进度调整导致的责任问题进行追踪和评估，是确保施工进度管理精细化的保障措施。通过责任追究制度，施工各方更加重视进度控制，避免因责任不清导致的推诿现象。明确的责任界定，使施工管理更加透明和高效，各方在施工进度调整中的积极参与也得到了有效激励。

5. 灵活调整资源配置方案

根据施工现场的实际变化，灵活调整资源配置方案，是计划调整机制的核心要求。在施工过程中，资源的合理配置直接影响施工进度调整的效果。通过灵活的资源调配，确保在施工进度调整时能够快速调动人力、物资和设备的使用，最大限度地减少因资源不足导致施工延误的情况。灵活调整机制，不仅提高了资源的利用效率，也增强了施工计划的执行力。

二、施工进度动态监控与偏差分析体系

（一）监控指标设定

在建筑工程施工阶段，设定科学合理的监控指标是实现精细化管理的关键。施工进度监控首先需要设定关键节点的完成率，以此作为评估项目整体进展与计划符合度的重要依据。通过对关键节点的完成情况进行实时

监控，项目管理者能够及时发现施工进度中的偏差，并采取相应的调整措施，从而确保项目按计划推进。施工进度动态监控模式不仅提高了施工进度的可控性，还为项目的顺利完成提供了有力保障。

同时，资源使用效率的监控指标也是施工进度管理中不可或缺的一部分。具体而言，包括对人力、物资和设备的实际使用情况与计划的对比分析。通过建立监控指标，管理者可以实时掌握资源的使用效率，发现资源配置中的不合理之处，并进行及时优化。这不仅有助于提高资源的利用效率，还能有效降低施工成本，提升项目的整体经济效益。此外，合理的资源监控还能降低因资源短缺或浪费造成的施工进度延误风险。

施工质量指标的设定至关重要。每个工序完成后都需进行质量检查，以确保其符合预定的质量标准。通过在施工进度监控中引入质量指标，项目管理者可以在早期发现并解决质量问题，避免因返工或修复导致进度延误。质量与进度相结合的监控方式，不仅提高了工程的整体质量水平，还为项目按时交付提供了重要保障。

此外，施工安全事故率也是一个重要的监控指标。在施工过程中，安全管理措施的有效性直接关系到施工进度的顺利推进。通过监控安全事故率，管理者能够评估现有安全措施的有效性，并在必要时进行改进，从而降低事故对施工进度的影响。安全与进度结合的监控方法，既保障了施工人员的安全，又减少了因安全事故导致工期拖延。

（二）进度调整策略

在建筑工程施工过程中，进度调整策略的制订是确保项目如期完成的关键环节。制订灵活的施工进度调整方案尤为重要，必须根据现场实际情况和资源可用性，及时调整各工序的执行顺序和时间安排。灵活的施工进度调整方案要求项目管理者具备敏锐的洞察力和快速反应能力，以便应对施工过程中可能出现的各种不确定因素。通过对施工现场的实时监控，项目团队可以识别潜在的进度偏差，并采取预防性措施以避免问题扩大。

一个有效的进度调整策略离不开多方案评估机制的支持。针对不同的延误原因，制定相应的调整策略是确保项目进度不受影响的有效手段。在此过程中，项目团队需要进行全面的风险评估，识别可能导致延误的因素，并为每一种情况准备备选方案。多方案的准备不仅增加了项目管理的灵活性，也为施工团队提供了多种选择以应对突发情况，确保项目进度的连续性和可靠性。

加强与供应商和分包商的沟通是进度调整策略中不可或缺的一部分。在施工过程中，外部供应链的延误是导致项目进度偏差的主要原因之一。因此，与供应商和分包商保持紧密联系，确保在施工进度调整时能够快速协调资源调配，是减少因外部因素造成项目延误的关键。通过建立良好的合作关系，项目团队可以更有效地管理供应链，确保资源及时供应和合理配置。

同时，利用项目管理软件进行进度模拟是提升调整策略有效性的重要工具。通过模拟不同调整策略对整体项目的影响，项目管理者可以进行科学决策，从而提升调整的有效性。进度模拟不仅可以帮助识别潜在的风险和问题，还可以为项目团队提供数据支持，使其能够基于可靠的信息进行决策，最大限度地减少进度调整对项目的负面影响。

（三）偏差分析方法

在建筑工程施工阶段，精细化管理的一个重要方面是施工进度的动态监控与偏差分析体系。偏差分析方法在这一过程中扮演着关键角色。建立基于数据分析的偏差识别机制是首要任务。通过对施工进度数据的定期分析，可以及时发现与计划的偏差并进行记录。偏差识别机制不仅提高了对进度偏差的敏感性，还为后续的分析和调整提供了数据支持。通过对数据的持续监控，项目管理团队能够更快速地响应变化，减少因偏差导致的项目延误。

同时，运用图表工具对施工进度进行可视化展示，能够帮助项目管理团队直观识别问题区域。可视化方法通过将复杂的数据转化为易于理解的图形，使项目团队成员可以更清晰地看到进度的变化趋势和潜在的风险点。可视化展示不仅提高了信息传递的效率，还增强了团队对项目进度的整体把控能力，为项目管理者作出决策提供直观的依据。

在偏差分析中，引入根本原因分析法是解决问题的关键步骤。针对偏差情况进行深入调查，找出影响施工进度的根本原因，有助于制订针对性的解决方案。根本原因分析法强调对偏差背后深层次问题的挖掘，而不仅仅是表面现象的处理。通过识别并解决根本问题，项目管理团队能够在源头上消除影响进度的障碍，从而提高施工效率和项目质量。

为了确保信息的有效共享和资源的合理配置，实施定期的偏差评估会议是必要的。偏差评估会议汇集各部门的反馈，对发现的偏差进行集体讨论。通过偏差评估会议，团队可以在一个统一的平台上交流信息，分享见解，确保每个团队成员都能参与到解决偏差的过程中。集体讨论不仅提高了团队的协作效率，还促进了不同部门之间的沟通与合作。

三、精细化协调各施工环节与资源分配

（一）施工环节衔接

施工环节衔接在建筑工程中至关重要，确保每个环节的责任分工明确是精细化管理的核心。通过明确各施工环节的责任分工，能够保证每个环节都有专人负责，不仅提高了沟通效率，还增强了工作协同能力。在实际操作中，各施工团队需要对自身的职责有清晰的认识，并与其他团队形成有效的沟通机制，以确保信息流通顺畅，减少误解和延误。责任分工的明确化还可以在施工过程中形成一个良好的反馈机制，及时发现问题并进行调整，从而进一步提高施工效率和质量。

制定详细的施工环节衔接时间表是精细化管理的重要措施。在建筑施工阶段，各工序的开始和结束时间安排不当，可能导致交叉干扰，影响整体进度，通过合理安排各工序的时间节点，可以有效避免这样的情况发生。施工时间表不仅是对施工进度的规划，更是对资源的合理分配。通过

科学的时间管理，施工项目能够在有限的时间内充分利用资源，避免资源浪费和闲置，提高施工效率和经济效益。此外，时间表的制定需要结合项目的实际情况，灵活调整，以应对施工过程中可能出现的各种变化和突发情况。

信息共享平台的建立是实现施工环节精细化衔接的重要技术手段。通过信息共享平台，各施工环节的相关数据和进度可以实现实时更新，增强施工进度的透明度和可追溯性。透明化管理不仅提高了各参与方的信任度，也为施工管理者提供了一个全局视角，便于及时发现问题并进行调整。信息共享平台还可以作为沟通的桥梁，促进各部门之间的信息交流，减少信息不对称带来的误解和延误。技术手段的应用，体现了现代建筑工程管理中应用信息化、数字化的趋势，为施工管理的精细化提供了有力支持。

定期组织跨部门协调会议是解决施工环节衔接问题的有效方式。在实际施工中，各环节之间可能会出现各种矛盾和障碍，影响施工顺畅进行。通过定期的协调会议，各部门可以就施工环节的衔接问题进行深入讨论，及时解决可能出现的矛盾和障碍。跨部门协调会议不仅是问题解决的平台，也是各部门沟通和协调的机会，有助于形成一致的行动方案，确保施工顺利推进。跨部门协调会议的成功与否，取决于各参与方的参与度和问题解决的效率，因此需要有明确的议题和高效的会议流程。

（二）协调机制建立

在建筑工程施工过程中，协调机制的建立是确保施工进度顺利推进和资源高效利用的关键。通过建立定期协调会议制度，各施工团队能够在施工过程中及时沟通和解决出现的问题。定期协调会议制度不仅提升了整体协作效率，还为各施工团队提供了一个分享信息和经验的平台，促进了各施工团队间的信任与合作。定期的会议能够帮助各参与方及时了解项目进展，识别潜在风险，并采取必要的措施进行调整，从而有效地减少施工延误和资源浪费。

设立专门的协调工作小组是精细化管理中的重要措施。协调工作小组的职责是统筹各施工环节的资源配置与进度调整，确保信息传递的及时性和准确性。通过集中管理和协调，施工现场的各项资源能够得到合理分配，避免因资源调配不当导致工程进度滞后。同时，协调工作小组还负责监督各项工作的执行情况，确保施工计划顺利实施，并根据实际情况进行灵活调整，以适应不断变化的施工环境。

信息化管理平台的引入为施工环节的数据共享与实时更新提供了技术支持。通过信息化管理平台，各施工单位可以实时获取项目的最新进展和资源使用情况，提升了施工进度和资源使用的透明度。这不仅有助于施工管理人员作出更为精准的决策，还能让各参与方更好地理解和配合总体施工计划。信息化平台的使用减少了信息传递的滞后性，确保了各参与方对项目进展的全面掌控。

此外，加强与外部供应商和分包商的沟通协调是保证资源及时到位和施工进度同步的重要环节。通过与外部合作伙伴建立紧密的沟通机制，项目管理者可以更好地掌握资源供应的动态，确保施工现场所需的材料和设备能够按时到达。有效的沟通与协调能够避免因外部因素造成的项目延误，保障施工进度稳步推进。

（三）资源分配优化

在建筑工程施工阶段，资源分配优化不仅涉及人力、物资和设备的合理配置，还需要在施工进度的基础上进行资源需求精确预测。通过资源需求精确预测，可以在各个工序开始前，提前调配所需的资源，避免因资源短缺而导致施工延误。精细化管理的核心在于通过科学的方法和工具，对资源进行实时监控和调度，以确保施工现场资源的高效利用。

应用精细化管理工具是实现资源分配优化的重要手段。精细化管理工具可以实时监控资源的使用情况，帮助管理者及时发现和解决资源浪费问题，从而提高资源配置的效率。通过对资源消耗数据的细致分析，管理者能够作出更为精准的决策，确保资源的合理分配。此外，精细化管理工具还可以帮助管理者制定资源分配的优先级原则，根据施工环节的重要性和紧急程度，合理安排资源投入，确保关键工序顺利进行。

为了进一步提升资源利用率，建立资源共享机制是不可或缺的。通过促进各施工团队之间资源互通，可以有效地减少重复投入，提升整体项目的资源利用率。资源共享机制不仅有助于降低成本，还能在资源紧张的情况下，提高项目的灵活性和应对能力。通过资源共享，各施工环节的协同效率得以提高，从而保障了施工进度顺利推进。

定期评估资源配置效果也是资源分配优化的重要环节。通过数据分析和反馈，项目管理者可以及时调整资源分配策略，确保在动态变化的施工环境中保持灵活性和适应性。定期评估不仅有助于发现资源配置中的不足之处，还能为未来的项目管理提供宝贵的经验和教训。通过持续的优化和改进，建筑工程项目的资源管理水平将不断提升，最终实现施工进度和资源利用双赢。

四、优化施工流程以提升作业效率

（一）流程分析与优化

在建筑工程施工中，流程分析与优化是提升作业效率的关键步骤。对施工流程进行全面分析是至关重要的，通过识别关键环节和潜在瓶颈，管理者能够制订出具有针对性的优化方案。优化方案的实施不仅能减少施工过程中的冗余和浪费，还能显著提高整体作业效率。此外，关键环节的识别有助于集中资源和注意力，确保在最需要的地方进行改善和提升。

为了进一步提升施工流程的效率，引入精细化管理工具是必要之举。精细化管理工具的应用能够帮助建立标准化流程，确保各施工环节的操作规范性和一致性。标准化流程的建立，不仅有助于减少人为操作失误，还能确保不同项目之间的管理一致性，提高施工效率和质量。通过精细化管理工具的应用，施工企业能够在激烈的市场竞争中占据优势地位。

在现代建筑工程中，数据分析与反馈机制的引入为流程优化提供了新的可能性。通过实时监控施工进度，管理者能够及时调整流程以适应现场变化。灵活性是精细化管理的重要特征，能够确保施工项目在面对各种不确定因素时仍然能够按计划推进。此外，数据分析还能为未来项目的规划和设计提供宝贵的经验和参考。

信息化手段的应用为施工流程的透明度和可追溯性提供了有力支持。通过信息化手段，施工管理者能够更好地掌控各个环节，促进各环节之间有效协作。施工流程的透明度不仅能提高施工效率，还能增强各参与方对项目进度和质量的信心。信息化手段的应用，已成为现代建筑工程管理中不可或缺的一部分，推动着行业不断进步。

（二）流程标准化实施

在建筑工程施工过程中，流程标准化的实施是提升作业效率的关键一步。通过建立标准化作业手册，明确各施工环节的操作流程和质量要求，施工人员能够在执行任务时遵循统一的标准。流程标准化不仅减少了因操作不一致而导致的质量问题，还为新员工提供了清晰的指导，缩短了适应期。标准化作业手册的制定需要结合实际施工经验和行业最佳实践，以确保其具有实用性和可操作性。通过标准化流程，施工企业能够在保证质量的前提下，提高施工效率，减少资源浪费。

为了保持流程的有效性，实施定期审核和更新标准化流程是必不可少的。随着建筑技术的不断进步和行业规范的更新，施工流程也需随之调整。定期审核能够帮助企业识别流程中的不适应之处，并进行相应的改进。这不仅有助于保持施工流程与最新技术和规范的一致性，还能促使建筑企业在竞争激烈的市场中保持领先地位。此外，施工流程更新也为建筑企业提供了一个反思和改进的机会，确保施工流程始终处于最佳状态。

在流程标准化实施过程中，标准化培训课程的开展是提高施工人员对施工流程理解和执行能力的重要环节。通过系统培训，施工人员不仅能够熟练掌握标准化流程的细节，还能在实际操作中灵活应对各种突发情况。系统培训不仅提高了个人的专业水平，也增强了团队的整体作业效率。培训课程应根据施工人员的不同层次和岗位需求进行设计，以确保每位员工都能在自己的岗位上发挥最大效能。

信息化管理系统的引入为标准化流程的实施提供了强有力的支持。通过实时记录和监控标准化流程的执行情况，管理人员能够及时发现并纠正偏差。实时监控不仅提高了流程的透明度，还为施工现场的管理提供了数据支持。信息化管理系统的应用使流程管理更加高效和精准，减少了人为因素对施工质量的影响，确保了流程的有效性和连续性。

（三）作业效率提升措施

1. 实施标准化作业程序

在建筑工程施工阶段，提升作业效率是实现项目按期交付和成本控制的关键。实施标准化作业程序是提升作业效率的首要措施。通过制定详细的操作规范，确保每个施工环节都有明确的指导方针，可以有效减少因操作不当而导致的时间浪费和施工错误。标准化的作业程序不仅提高了施工的可预见性，还为施工人员提供了清晰的工作流程指导，从而减少了不必要的停工和返工。

2. 引入先进的施工设备和技术

引入先进的施工设备和技术是提升施工效率的重要手段。现代建筑工程中，采用高效能的机械设备和自动化技术，可以显著缩短作业时间，降低人力成本。通过技术创新，施工单位能够在保证工程质量的前提下，加快施工进度。这不仅提高了资源的利用率，还在一定程度上缓解了施工现场的人力紧张状况，从而促进了施工效率全面提升。

3. 优化施工现场布局

优化施工现场布局是提高作业效率的重要措施。合理安排设备和材料的位置，可以减少工人在施工现场的移动距离，从而节省时间，提高工作效率。通过科学的现场规划，施工单位能够确保材料和设备的快速调配，减少因材料供应不及时而导致工期延误。此外，优化的布局可以提高现场管理的效率，减少安全事故的发生。

4. 加强团队协作

加强团队协作是提升施工效率的关键。通过明确分工和有效沟通，施工单位可以提升各工序之间的衔接效率，确保施工顺畅进行。良好的团队协作不仅能够提高施工质量，还能减少因信息不对称而导致施工延误。通过定期的团队会议和沟通机制，施工单位可以及时发现并解决施工过程中出现的问题，确保项目顺利推进。

5. 定期评估作业效率

定期开展作业效率评估是持续提升施工效率和施工质量的重要举措。通过收集反馈信息，施工单位可以及时调整作业策略，优化施工流程。作业效率评估不仅能够帮助识别施工中的瓶颈问题，还能为未来的项目提供宝贵的经验和数据支持。通过不断评估和改进，施工单位能够在激烈的市场竞争中保持优势，实现可持续发展。

五、建立施工进度风险预警与应对机制

（一）风险识别与评估

在建筑工程施工过程中，风险识别与评估是确保项目顺利进行的关键环节。识别施工过程中的潜在风险因素需要从多个维度考虑，包括技术、管理、环境和人力等方面的风险源。这一过程的目的是全面评估项目的脆弱性，以便制定有效的应对策略。项目团队通过对施工现场的细致观察和分析，能够识别出可能影响施工进度的关键风险因素。识别风险后，运用定量和定性分析方法对其进行评估，确定这些风险发生的概率以及可能造成的影响程度。定量和定性分析相结合的评估不仅有助于理解风险的性质

和潜在影响，还为制定优先级提供了依据。

在风险识别与评估过程中，建立风险评估矩阵是一个重要步骤。风险评估矩阵将识别出的风险按其严重程度和发生概率进行分类，使项目团队能够优先处理高风险因素。分类方法有助于资源的合理配置，确保最紧迫和最重要的风险得到及时处理。此外，定期进行风险评估更新是保持风险管理动态性的重要手段。施工现场的环境和条件不断变化，新出现的风险可能会对项目进度产生影响。因此，项目团队需要定期重新评估风险，确保对施工现场变化和新出现风险的及时识别和评估。

为了增强风险识别和评估的全面性与准确性，项目团队应引入专家咨询和团队讨论。集思广益的方式能够充分利用各参与方的专业知识和经验，提高风险管理的有效性。通过引入专家意见，项目团队可以获得更为全面的视角，从而提升风险识别和评估质量。此外，团队讨论能够增强项目团队的风险意识，使每个成员都能积极参与到风险管理中。协作方式不仅提高了识别和评估的准确性，还加强了团队的凝聚力和应对风险的能力。

（二）预警机制设计

在建筑工程施工过程中，建立有效的施工进度风险预警机制是确保项目顺利推进的重要手段。预警机制的设计需从多方面入手，首先是建立施工风险预警指标体系。通过设定关键风险指标并进行定期监测，施工管理团队可以及时识别潜在风险。这一体系的核心在于选择准确的指标，风险预警指标应能全面反映施工进度的变化情况和潜在的风险因素。通过对风险预警指标的持续监测，管理者能够在风险尚未显现时提前采取预防措施，从而有效地降低施工风险的发生概率。

引入信息化技术是实现施工进度风险预警的重要手段。利用先进的数据分析工具，可以对施工进度和资源使用情况进行实时跟踪。先进的数据分析工具能够自动生成风险预警信息，为管理者提供及时、准确的数据支持。通过信息化手段，施工管理团队可以实现对施工现场的全面监控，确保在风险发生初期就能够进行有效的干预。此外，信息化技术的应用还能提高预警信息的传递效率，确保各级管理人员能够及时获取相关信息，从而作出快速反应。

制定风险预警响应流程是确保预警机制有效运行的关键。在风险被识别后，必须确保各相关部门能够迅速采取应对措施，以减少潜在的损失。为此，需要明确各部门在风险应对中的职责和分工，建立快速响应工作流程。通过风险预警机制，各相关部门可以在风险发生时迅速协同工作，确保应对措施的有效实施。此外，定期的风险培训也是提升施工团队风险管理水平的重要途径。通过风险培训，施工团队成员能够更好地理解风险预警机制的运作，提高其在风险发生时的应对能力。

设立跨部门风险信息共享平台是促进各部门之间信息沟通与协作的有效方式。通过信息共享平台，各相关部门可以共享风险预警信息，确保信息的及时传达与处理。信息共享机制不仅提高了风险管理的整体效率，也增强了各相关部门之间的协作能力。在这一过程中，信息准确性和及时性是关键，只有确保信息的准确传递，才能真正发挥风险预警机制的作用。通过以上措施，建筑工程施工进度的精细化管理可以得到有效提升，从而确保项目顺利推进。

（三）应对策略制定

制订明确的风险应对计划是确保建筑工程在施工阶段能够顺利推进的关键。在施工过程中，风险的类型多种多样，从自然灾害到人为失误，各种风险都可能影响施工进度。因此，针对不同类型的风险，制定相应的应对措施显得尤为重要。这不仅要求项目管理团队具备敏锐的风险识别能力，还需在风险发生时能够迅速反应，采取有效措施将影响降至最低。明确的风险应对计划能够为团队提供清晰的行动指南，确保在风险来临时，项目能够迅速走上正常轨道。

建立多层次的责任分配机制是提高风险应对效率的有效手段。在复杂建筑工程项目中，涉及的人员和团队众多，每个成员在风险应对中的角色和责任必须明确。责任分配不仅能提高团队的响应速度，还能确保每个成员在出现问题时知道如何行动。通过明确的责任划分，团队能够在风险发生时迅速采取有效的应对措施，避免因职责不清而导致应对延误，提高整体的应对效率。

定期开展风险应对演练是提高团队应变能力和协作水平的重要方法。通过模拟真实的风险情境，团队成员可以在演练中熟悉风险发生时的应对流程和各自职责。风险应对演练不仅能提高团队的应变能力，还能加强团队成员之间的协作，确保在真实风险发生时，团队能够高效地协同工作。风险应对演练过程中，团队还可以识别出应对策略中的不足之处，并及时进行调整和改进，以确保在实际应用中能够取得最佳效果。

利用信息化手段建立风险管理数据库，能够为风险管理提供强有力的数据支持。通过实时记录和分析风险事件及其应对措施的效果，管理团队可以总结出有效的风险应对经验，为未来的风险管理提供借鉴。应用信息化手段，不仅提高了风险管理的效率，还为管理者提供了科学的决策依据，使风险管理更加精准和高效。数据驱动的管理方式，将为建筑工程项目的风险管理带来新的发展机遇。

第二节 施工质量管理的精细化措施

一、材料设备进场质量管控流程优化

（一）进场材料验收标准

建筑工程施工质量的关键在于材料设备的质量，而材料设备的质量取决于进场材料的验收标准。建立详细的材料验收标准是确保进场材料符合设计和规范要求的基础。每种材料的技术指标和质量要求必须明确，以便在验收过程中有据可依。这样不仅能减少材料不合格导致的返工，还能提

高施工效率和工程质量。通过精细化的管理措施，施工单位能够在材料进场的第一个环节就把控住质量，避免后续施工中因材料问题而产生质量隐患。

实施材料供应商的资质审核是材料质量管理的重要环节。供应商的生产能力和质量管理体系直接影响材料的可靠性和一致性。通过对供应商资质的严格审核，确保其具备生产符合标准材料的能力，可以有效地减少不合格材料流入施工现场的风险。供应商的选择不仅要看其生产能力，还要考察其在行业中的信誉和过往的供货记录。通过这种方式，施工企业能够建立起稳定的材料供应链，保障施工进度和质量。

制订进场材料的检测和抽样方案是确保材料在使用过程中安全性和适用性的必要手段。定期对材料进行物理和化学性能测试，可以及时发现材料中的质量问题，避免其在施工过程中造成安全隐患。检测和抽样方案的制订需要结合工程的具体情况，考虑材料的特性和使用环境，以确保检测的科学性和有效性。通过精细化的检测措施，施工单位能够在材料使用前就发现并解决质量问题，从而保障工程质量。

建立材料验收记录和追溯系统是精细化管理的重要组成部分。每批进场材料都应有完整的验收记录，以便在出现质量问题时能够迅速追溯到具体的材料批次和供应商。这不仅有助于快速解决问题，还能为材料供应商的管理提供数据支持。通过信息化手段建立验收记录和追溯系统，可以提高管理效率，减少人为因素对材料质量管理的影响。在现代建筑工程管理中，信息化和精细化相结合是提高施工质量管理水平的有效途径。

（二）设备质量检查流程

为了确保设备的质量符合设计规范和使用需求，建立设备进场验收标准是首要任务。设备进场验收标准应明确设备的技术参数、性能指标和质量要求，这不仅为设备的验收提供了明确的依据，也为后续的施工和使用奠定了基础。通过制定详细的验收标准，可以有效地减少因设备质量问题导致的工程返工和延误，提高施工效率和工程质量。

在设备质量管控中，设备供应商的资质审核是一个不可或缺的环节。审核的目的是确保供应商具备相应的生产能力和完善的质量管理体系。通过严格的资质审核，可以从源头上保证设备质量的可靠性。因此，审核过程需要全面而细致，涵盖生产设备、技术人员资质、质量控制流程等多个方面。

为了确保设备在安装前处于良好的工作状态，制定设备现场检查流程显得尤为重要。设备现场检查流程应包括外观检查、性能测试和功能验证等步骤。外观检查主要是确保设备在运输和搬运过程中没有受到损坏，而性能测试和功能验证是为了确认设备的各项性能指标是否符合设计要求。这一系列的检查流程不仅能发现设备的潜在问题，还能为设备的后续使用提供保障。

建立设备验收记录和追溯系统是设备质量管理的最后一步，也是精细化管理的重要体现。通过建立完整的设备验收记录，可以为每台设备提供详细的质量追踪信息。质量追踪信息在设备出现问题时，可以为问题的快速定位和解决提供依据。此外，追溯系统还能帮助管理者分析设备质量问题的原因，从而优化设备采购和验收流程，进一步提升工程质量管理水平。

二、施工工艺标准化操作规范制定

（一）工艺流程标准化

1. 制定标准化操作手册

制定工艺流程标准化操作手册，明确每个施工环节的具体步骤和质量要求，对于确保施工人员能够遵循统一的标准进行操作具有重要意义。标准化操作手册不仅是施工人员的操作指南，更是质量控制的基础。通过详细描述每个施工环节的操作步骤和质量要求，标准化操作手册可以有效减少施工过程中的人为错误，提高施工质量的一致性。此外，标准化操作手册还可以作为新员工培训的重要材料，帮助新员工快速掌握施工要领，融入施工团队。

2. 建立培训机制

建立工艺流程培训机制是确保施工人员对标准化操作流程理解和执行能力培养的重要途径。通过定期培训，施工人员不仅能够熟悉标准化操作流程，还能通过实际操作演练提高执行能力。工艺流程培训机制的建立，有助于提升团队整体作业效率，减少因操作不当导致的返工和质量问题。在培训过程中，可以结合实际案例分析，帮助施工人员更好地理解标准化流程的应用场景和注意事项。理论与实践相结合的培训方式，能够有效地提高施工人员的综合素质和施工现场的管理水平。

3. 引入信息化管理工具

在现代建筑工程施工中，引入信息化管理工具已成为提高工艺流程执行效率和质量的重要手段。通过信息化管理工具，施工管理团队可以实时记录和监控工艺流程的执行情况，及时发现并纠正偏差。实时监控机制，不仅能够确保施工过程的规范性和一致性，还能为管理层提供决策支持。信息化管理工具的应用，使工艺流程的管理更加高效、透明，为施工质量的提升提供有力保障。此外，信息化工具还可以实现施工数据的长期积累和分析，为未来的施工项目提供宝贵的经验和数据支持。

4. 定期审核和更新流程

工艺流程的定期审核和更新是保持其与最新技术标准和行业规范相一致的重要措施。建筑工程施工环境和要求不断变化，只有通过定期审核和更新工艺流程，才能确保其适应新的技术标准和行业规范。在审核过程中，应充分考虑施工现场的实际情况和最新的行业发展趋势，确保工艺流程的实用性和前瞻性。通过动态调整机制，施工企业能够在激烈的市场竞争中保持技术领先地位，同时为客户提供更高质量的建筑产品。持续改进的理念不仅是精细化管理的核心，还是企业可持续发展的重要保障。

（二）操作规范编制

制定详细的操作规范，需要涵盖每个工序的具体步骤、注意事项和质量控制点。这不仅有助于统一施工人员的操作标准，还能有效减少因操作不当导致的质量问题。操作规范的核心在于其细致和全面，确保每个参与施工的人员都能明确其职责和操作要求。通过详细的规范，施工团队能够在复杂的施工环境中保持高效和高质的工作状态，从而提高整个项目的质量水平。

为了保证操作规范的持续有效性，建立严格的审核机制是必要的。操作规范并非一成不变，需要随着技术的发展和施工环境的变化进行定期评估和修订。审核机制的建立，不仅能够确保规范的适时更新，还能通过反馈机制获取施工人员的实际操作体验和建议。动态调整的过程，有助于保持操作规范的有效性和时效性，使其始终能指导施工人员应对新的挑战和技术要求。

实施操作规范的培训计划是确保规范有效执行的重要步骤。所有施工人员必须熟悉并掌握操作规范的内容，只有通过系统的培训和考核，才能验证施工人员对规范的理解和应用能力。培训计划应包括理论学习和实践操作两部分，通过模拟施工场景和实际操作考核，确保施工人员能够在真实环境中准确执行规范。实施操作规范的培训不仅提高了施工人员的专业技能，也增强了施工人员对操作规范的认同感和执行力。

信息化管理系统的引入，为操作规范的执行提供了新的可能。将操作规范数字化，可以实现实时监控和记录施工过程，使管理者能够随时追踪执行情况并及时纠正偏差。使用信息化系统，不仅提升了施工过程的透明度和可追溯性，还为施工质量的持续改进提供了数据支持。通过信息化手段，施工管理可以更加精细化和科学化，从而进一步推动施工质量的提升。

三、隐蔽工程全过程质量追溯体系

（一）隐蔽工程记录制度

为了确保隐蔽工程的施工质量和后续追溯的可行性，建立一套详细的记录模板是必要的。这一模板应涵盖施工阶段的各个方面，包括所使用的材料规格、施工单位的详细信息以及具体的责任人等。详细的记录不仅有助于确保施工信息的完整性，还能为后续的质量追溯提供可靠的数据支持。在信息化管理逐渐普及的当下，利用信息化管理系统对隐蔽工程记录进行数字化管理，不仅能提高记录的安全性，还能大大提升查询的便捷性和效率。

隐蔽工程的质量管理不仅仅在于事后的追溯，更在于施工过程中的严格把控。为此，定期对隐蔽工程进行检查和记录是不可或缺的步骤。在施工的每个关键阶段，施工质量必须经过严格的检查，以确保其符合设计要求。检查的结果以及任何必要的整改措施都应详细记录在案，制度化的检查和记录措施，不仅能及时发现和纠正施工中的问题，还能为后续的工程验收提供重要的参考依据。

验收是隐蔽工程质量管理的最后一道防线。建立一套完善的隐蔽工程验收制度，对于确保施工质量至关重要。在隐蔽工程施工完成后，必须进行专门的验收程序。验收的结果应详细记录，以备后续查阅和追溯。制度化的验收程序，不仅能确保施工质量达到设计标准，还能为未来的维护和管理提供重要的数据支持。

此外，信息化管理系统在隐蔽工程记录中的应用，极大地提升了隐蔽工程管理的效率和安全性。通过数字化的手段，隐蔽工程的记录可以实现实时更新和查询。信息化的管理方式，不仅提高了记录的安全性和保密性，还能通过数据的快速检索和分析，为施工管理提供更为科学和高效的支持。现代化的管理手段，标志着建筑工程质量管理向精细化和智能化方向进一步发展。

（二）质量追溯信息化管理

在建筑工程施工中，质量追溯信息化管理是精细化管理的重要组成部分。通过信息化手段建立隐蔽工程质量追溯数据库，可以集中存储所有隐蔽工程的记录信息。这一措施不仅确保了数据的安全性和完整性，还极大地方便了后续的查询和分析。数据库的建立使得施工单位能够在任何需要时，迅速调取和分析隐蔽工程的质量信息，从而为质量控制提供坚实的数据支持。因此，质量追溯信息化管理的实施，不仅是对传统管理模式的革新，更是提升建筑工程质量管理水平的关键一步。

为了确保隐蔽工程的质量记录能够及时反映施工进展和质量控制情况，实施实时数据更新机制显得尤为重要。通过实时数据更新机制，施工现场的质量数据可以在第一时间上传至数据库，增强信息的时效性和准确性。实时更新的方式，使管理者能够随时掌握施工过程中的质量动态，从而及时采取相应的管理措施，防止质量问题的积累和扩大。实时数据更新不仅提高了信息的准确性，还为管理者提供了一个及时、可靠的决策依据，进一步提升了隐蔽工程的质量管理水平。

引入数据可视化工具是提升质量追溯信息管理效率的重要措施。通过图形化展示隐蔽工程的质量追溯信息，管理者可以更直观地识别潜在的质量问题和趋势。数据可视化工具将复杂的质量数据转化为易于理解的图表和图形，使管理者能够快速作出判断和决策。直观的展示方式，不仅提高了信息传递的效率，还帮助管理者在纷繁复杂的数据中，快速找出影响质量的关键因素，进而采取有效的管理措施。

为了确保隐蔽工程质量追溯体系的有效运行，建立责任追踪系统是必不可少的。通过明确各相关人员在工程质量管理中的职责，责任追踪系统能够确保问题能够及时反馈和处理。每个参与施工的人员都有明确的职责分工，当出现质量问题时，责任追踪系统可以迅速定位到相关责任人，确保问题得到及时解决。清晰的职责分工，不仅提升了整体质量管理水平，还增强了施工团队的责任意识和协作精神，从而为隐蔽工程的高质量完成提供了有力保障。

四、质量通病防治专项控制方案

（一）通病识别与分析

在建筑工程施工过程中，识别和分析质量通病是确保施工质量的关键步骤。通病识别与分析需要从施工现场的实际情况出发，深入了解常见的施工质量通病，如混凝土裂缝、墙体开裂、渗漏等。以上通病不仅影响建筑物的使用寿命和安全性，还可能导致后期的维修成本增加。因此，分析其产生的原因和影响是制定有效防治措施的前提。通过对施工过程中的关键环节进行监控，可以及时发现和记录质量通病，确保信息的完整性和准确性。监控的重点应放在施工材料的选择、施工工艺的执行以及施工环境的变化上，以便在质量通病问题的早期阶段进行干预。

运用现代化的数据分析工具对通病发生的频率和原因进行统计分析，是提升施工质量管理水平的有效途径。通过数据分析，可以识别出通病发生的高风险环节和常见原因，从而为制订改进方案提供科学依据。数据分析工具还可以帮助施工管理者追踪通病的历史演进趋势，预测未来可能出现的质量问题，以便提前作好防范准备。通过数据驱动的管理方式，施工团队可以更加精准地制定和实施质量控制措施，提高施工质量的整体水平。

在通病识别与分析过程中，信息的完整性和准确性至关重要。施工团队应建立完善的信息记录和反馈机制，确保每一个质量通病的识别和分析结果都能被准确记录和传达。信息的及时共享和反馈，不仅能帮助施工团队及时调整施工策略，还能为后续的案例分析提供丰富的数据支持。通过不断完善信息管理体系，施工团队可以在质量管理中做到实时监控，从而更好地应对施工过程中可能出现的各种质量挑战。

（二）防治措施实施

在建筑工程施工过程中，防治措施的实施是确保工程质量的关键环节。

首先，制订针对性的施工质量控制计划，明确每个工序的质量标准和检验要求，以确保施工过程中的质量可控。这不仅要求施工单位在施工前进行详细的计划和准备，还需要在施工过程中严格落实每一个环节的质量标准。通过精细化的管理，施工单位可以在施工的每个阶段对质量进行有效的控制和监督，从而避免因疏漏而导致质量问题。

其次，实施定期质量检查与评估机制是确保施工质量符合设计要求的重要手段。通过定期的检查和评估，施工单位能够及时发现施工过程中的质量问题，并迅速采取纠正措施。定期质量检查与评估机制不仅可以提高施工质量的稳定性，还能有效降低返工率和材料浪费，节省施工成本。此外，定期质量检查与评估机制的实施还需要结合先进的检测技术和工具，以提高检查和评估的效率和准确性。

再次，加强施工人员的质量意识培训是提升施工质量的重要保证。施工人员是施工质量的直接执行者，其对质量通病的识别能力和应对措施的执行力直接影响工程质量的最终效果。通过定期的培训和教育，施工人员可以对常见的质量问题有更深刻的理解，从而在施工过程中能够更好地预防和解决质量问题。这不仅有助于提高施工质量，还能增强施工人员的责任感和职业素养。

最后，建立质量问题的反馈与改进机制是施工质量管理的闭环环节。通过质量问题的反馈与改进机制，施工团队能够及时总结施工过程中的经验教训，持续优化施工工艺与管理流程。质量问题的反馈与改进机制不仅可以帮助施工单位不断提升施工质量，还能为后续工程提供宝贵的经验和参考。质量问题的反馈与改进机制的有效运行需要施工单位的高度重视和全员参与，以确保施工质量的持续提升和工程项目的成功实施。

五、第三方检测与联合验收机制

（一）第三方检测流程

在建筑工程施工阶段，加强第三方检测流程的精细化管理至关重要。第三方检测机构的资质审核机制必须严格，以确保其具备相应的专业能力和技术水平。第三方检测机构的资质审核机制的建立，不仅是为了保证检测结果的公正性与准确性，也是为了维护工程质量的整体性。通过对检测机构的严格审核，可以有效地避免因检测不当导致的施工质量问题，确保建筑工程的安全性和可靠性。

制定详细的第三方检测流程是施工质量管理中的关键环节。明确各检测环节的责任分工和时间节点，能够确保检测工作有序进行，这一措施能够有效地避免因流程不清导致工作延误，从而提高施工进度的可控性。在精细化管理中，时间节点的把控尤为重要，只有通过明确的流程和责任分工，才能保证施工质量管理的高效性和准确性。

实施检测结果的透明化管理是提升建筑工程施工质量的重要手段。将检测报告及时共享给相关方，可以确保各参与方对检测结果的实时了解和反馈。透明化的管理方式，不仅增强了各参与方之间的沟通效率，也提高了施工质量管理的公开性和透明度。通过实时反馈机制，相关方可以在第一时间对检测结果进行评估和调整，确保施工过程的顺利进行。

建立第三方检测的后续跟踪机制是确保施工质量持续改进的必要措施。在检测中发现的问题，必须进行及时整改和复检，以确保施工质量的合规性。后续跟踪机制的存在，使施工质量管理不仅仅停留在检测结果的表面，而是深入到问题整改的全过程。通过后续跟踪机制，建筑工程施工质量可以得到持续提升，最终实现施工质量的精细化管理目标。

（二）联合验收标准与程序

联合验收标准与程序在建筑工程施工质量管理中扮演着至关重要的角

色。联合验收标准的制定应当涵盖各参与方的质量标准与技术要求，这不仅是为了确保验收过程的透明性和一致性，更是为了在复杂的建筑工程项目中实现不同专业领域间的有效整合。每个参与方都有其独特的专业背景和技术要求，制定一个统一的标准能够有效减少由于标准不一导致沟通障碍和质量纠纷。此外，联合验收标准的制定需要考虑国际国内的相关法规和行业标准，以确保工程质量符合更高的要求和预期。

联合验收程序的设计同样需要精细化管理思维，明确各参与方的责任和义务是程序设计的核心。通过清晰的责任分配，各参与方能够在验收过程中进行有效沟通和协作，避免因职责不清导致推诿和效率低下。程序的设计应当包括详细的步骤说明和时间安排，以便各参与方能够在执行过程中有章可循。特别是在大型复杂项目中，明确的程序能够有效地协调各参与方资源，减少沟通成本，提高验收效率。

设定具体的时间节点是联合验收程序中不可或缺的一部分。时间节点的设定不仅是为了确保各项验收工作按照预定计划有序进行，更是为了避免因时间延误而影响项目的整体进度。在项目管理中，时间成本往往是最难以控制的因素之一，合理的时间节点规划能够为项目的顺利推进提供保障。通过在验收程序中加入时间节点，各参与方能够提前准备，按时完成各自的任务，从而实现项目按时交付。

验收结果的书面报告是联合验收程序的最后一步，也是精细化管理的重要体现。书面报告应当详细记录验收过程及发现的问题，为后续整改和质量追踪提供依据。这不仅有助于提升整体工程质量管理水平，还能为未来的项目提供宝贵的经验和教训。通过系统化的记录和分析，管理者可以更好地识别和解决工程中的常见问题，提高工程质量的持续改进能力。精细化管理措施，能够长远提升建筑工程的整体质量和企业管理水平。

第三节　施工现场安全管理的精细化实施

一、精细化识别与评估施工现场安全风险

（一）安全风险识别方法

安全风险识别是建筑工程施工现场安全管理的核心环节。通过科学的方法识别风险，可以有效地预防安全事故的发生。采用风险矩阵法是当前识别施工现场安全风险的常用方法之一，这种方法通过评估各类潜在安全风险的发生概率与影响程度，帮助管理者优先处理高风险项目，从而降低事故发生的可能性。风险矩阵法不仅提供了一种量化风险的手段，还使复杂的风险评估过程更具系统性和可操作性，为现场管理决策提供了坚实的基础。

在施工现场，定期的安全隐患排查是确保安全管理精细化实施的重要手段。通过现场检查和监测设备，施工管理人员能够及时发现并记录安全隐患，确保信息的完整性。隐患排查不仅仅是单纯的检查过程，更是对施工现场安全管理的一次全面评估，通过这种方式，管理者可以及时掌握施工现场的安全动态，确保每一个细节都在可控范围内，从而为施工现场的安全管理提供有力保障。

专家评审机制在精细化识别施工现场安全风险中具有重要作用。邀请安全管理专家对施工现场进行评估，可以为施工现场的安全管理提供专业意见和建议。专家评审机制不仅增强了风险识别的全面性，还为施工现场的安全管理提供了多角度的分析视角。专家评审的结果可以为施工管理者提供决策支持，帮助管理者更好地识别和评估施工现场的安全风险，从而提高安全管理的整体水平。

结合施工现场的历史数据分析是识别施工现场安全风险的重要方法。

通过分析以往发生的安全事故类型和频率，管理者可以获得宝贵的数据支持。施工现场的历史数据不仅揭示了施工现场潜在的安全隐患，还为未来的风险防范提供了重要的参考依据。通过对历史数据的深入分析，管理者可以制定更加科学和合理的安全管理策略，从而有效地降低施工现场的安全风险。

（二）安全风险评估标准

安全风险评估标准在建筑工程施工现场的应用是确保施工安全的重要环节。建立一套科学的安全风险评估标准，能够为施工现场的安全管理提供重要依据。

1. 包括定量指标体系

安全风险评估标准应该包括定量指标体系，这一体系涵盖事故发生频率、伤害程度和经济损失等关键因素。通过对定量指标的量化评估，可以科学地判断不同风险的严重程度和可能性，从而为安全管理决策提供数据支持。定量指标体系的建立不仅有助于提高评估的客观性，还能为后续的风险控制措施指出明确的方向。

2. 采用分级评估标准

采用分级评估标准是施工现场安全风险管理的重要手段。施工现场的复杂性和风险程度各不相同，分级评估能够根据这些差异对安全风险进行分类管理。通过对施工现场进行详细的风险分类，可以确保管理人员能够将更多的注意力和资源集中于高风险区域和环节，最大限度地降低安全事故的发生概率。分级评估标准的实施，要求对施工现场进行全面的风险识别和分析，以确保每一个潜在的安全隐患都能得到及时的识别和处理。

3. 多方参与评估

引入多方参与的评估机制是提高安全风险评估全面性和客观性的重要措施。在实际操作中，施工团队、管理人员及安全专家的共同参与能够带来多角度的风险分析视角。施工团队熟悉现场实际操作，管理人员了解项目整体运作，而安全专家具备专业的安全知识和评估能力。多方参与的评估机制能够有效地整合各参与方的专业知识和经验，确保评估结果的全面性和准确性。协作机制不仅有助于提高评估的科学性，还能增强各参与方对安全管理措施的认同感和执行力。

4. 制定动态评估流程

制定动态评估流程是确保安全风险评估结果时效性和有效性的关键。建筑工程施工现场的环境和条件是不断变化的，新的风险因素随时可能出现。因此，安全风险评估不能是一成不变的，而应具备动态更新的能力。通过定期更新评估结果，可以及时反映施工现场的变化和新出现的风险，确保安全管理措施始终能够适应现场的实际情况。动态评估流程的制定需要建立一套灵活的评估机制，以便在施工过程中能够迅速调整和优化安全管理策略。

二、施工现场安全设施与防护措施的加强

（一）设施配置优化

根据施工现场的具体需求，合理配置安全设施至关重要，包括设置安全围栏、警示标志和防护网等，以有效降低事故发生的风险。安全设施不仅需要在数量上满足现场的需求，还需在位置上进行科学规划，以确保最大程度地保护施工人员的安全。通过对施工现场的全面评估，安全设施的配置应根据不同施工阶段和环境条件进行动态调整，以适应不断变化的施工需求。灵活的配置方式能够更好地应对施工现场的复杂性和多变性，确保安全管理的精细化。

定期检查和维护安全设施是确保其功能完好的必要措施。施工现场的安全设施在长期使用过程中可能会出现损坏或过期的情况，会直接影响其防护效果。为此，建立定期检查和维护机制是必要的。施工现场应制订详细的检查计划，明确检查频率和内容，并指定专人负责执行。对于发现的

问题，应及时进行维修或更换，以确保安全设施始终处于最佳状态。通过精细化的管理，可以有效地提高安全防护的有效性，降低安全事故的发生概率。

引入先进的安全监控技术，如视频监控和传感器，是提升施工现场安全管理水平的有效手段。现代技术的发展为施工现场的安全监控提供了更多的可能性。通过在施工现场布置视频监控设备和传感器，可以实现对现场安全状况的实时监测。通过这些设备能够及时发现潜在的危险因素，报警系统会提醒管理人员采取必要的措施。此外，这些技术手段还能记录施工现场的安全数据，为后续的安全管理提供科学依据。通过技术手段的介入，施工现场的安全管理可以更加精细化、智能化。

建立安全设施的使用培训机制是提高施工人员安全意识和技能的重要途径。施工人员作为安全设施的直接使用者，其对设备的熟悉程度和使用能力直接影响设施的防护效果。因此，施工企业应制订详细的培训计划，定期组织施工人员进行安全设施使用培训。培训内容包括安全设施的基本知识、使用方法以及在紧急情况下的应对措施等。通过培训，施工人员能够掌握安全设施正确的使用方法，提高其在紧急情况下的反应能力，从而最大限度地保障施工现场安全。

（二）防护措施升级

在建筑工程中，安全管理的精细化要求不断完善防护措施，以应对复杂多变的施工环境和潜在的安全隐患。通过加强施工现场安全培训，可以确保所有员工熟悉最新的安全防护措施和应急响应流程。培训不仅提升了员工的安全操作技能，还提高了整体安全意识，使每位员工在施工过程中都能主动识别和规避风险。

引入智能穿戴设备是防护措施升级的重要内容。智能穿戴设备能够实时监测工人的生理状态和工作环境，及时预警潜在的安全风险。例如，智能头盔可以监测工人的心率、体温以及周围环境的有害气体浓度，一旦发现异常，系统会立即发出警报，从而为施工人员的生命安全提供保障。智能技术的应用不仅提高了安全管理的科技含量，也为施工现场的安全管理提供了新的思路。

安全文化建设是施工现场安全管理的基础。通过定期的安全活动和宣传，可以增强全员对安全管理的重视，营造良好的安全氛围。安全文化不仅仅是制度和措施的体现，更是一种全员参与、全员重视的管理理念。通过组织安全知识竞赛、安全标语征集活动等方式，能够有效地提高工人的安全意识和参与度，使安全管理不再是管理层的单向指令，而是全体员工的共同责任。

建立施工现场安全事故应急演练机制是提升施工团队应急响应能力的重要手段。定期开展应急演练，可以提高施工团队对突发安全事件的快速反应能力和处理水平。通过模拟真实的突发事件场景，施工人员能够在演练中熟悉应急流程，掌握必要的应急技能，从而在实际事故发生时能够迅速、有效地处置，最大限度地减少人员伤亡和财产损失。应急演练不仅是对施工人员应急能力的检验，也是对安全管理体系有效性的重要考核。

三、施工人员安全意识与操作技能的提升

（一）安全培训计划

安全培训计划在建筑工程施工现场的实施中扮演着至关重要的角色。制定系统的安全培训课程是提升施工人员安全意识的关键步骤。安全培训课程应全面涵盖施工现场常见的安全隐患及其防范措施，帮助施工人员识别潜在的危险并采取适当的预防措施。通过深入浅出的课程设计，施工人员能够在理论上理解安全隐患的本质，并在实际操作中加以应用，从而有效降低事故发生的概率。此外，安全培训课程的设计还应注重与时俱进，及时更新培训内容，以应对建筑工程领域不断变化的安全挑战。

针对不同岗位的施工人员，开展有针对性的安全技能培训，是确保每位施工人员掌握与其工作相关的安全操作规范和应急处理流程的必要手

段。不同岗位的工作性质和环境各异，其面临的安全风险也有所不同。因此，安全技能培训需要根据施工人员的具体职责量身定制，以确保培训内容的实用性和针对性。通过强化施工人员对自身岗位安全操作规范的理解和掌握，可以有效地提升其在施工过程中的安全操作能力，减少因不当操作导致的安全事故。

定期组织安全演练和模拟事故处理是增强施工人员在突发情况下的应变能力和团队协作意识的重要手段。安全演练不仅可以检验施工人员对安全知识的掌握程度，还能提高施工人员在实际事故发生时的应变速度和处理能力。通过模拟真实的事故场景，施工人员能够在演练中锻炼自己的心理素质和团队协作能力，确保在真实事故中能够沉着冷静、有效应对。同时，定期的安全演练也为管理者提供了检验安全管理措施有效性的重要依据。

建立安全培训档案制度是确保培训效果可追溯性和持续改进的基础。通过详细记录每位施工人员的培训情况和考核结果，管理者可以对培训效果进行全面评估，发现培训中的不足之处并及时加以改进。安全培训档案不仅为施工人员的安全能力提升提供了数据支持，也为施工企业的安全管理水平提升奠定了基础。通过对培训档案的定期分析，施工企业能够不断优化安全培训计划，提升整体安全管理水平，确保施工现场安全生产。

（二）操作技能考核

操作技能考核在建筑工程施工现场的安全管理中扮演着至关重要的角色。为了确保考核的科学性和公正性，制定详细的操作技能考核标准是必要的。各岗位的技能要求和考核内容需明确界定，以便在考核过程中能够对施工人员的技能水平进行准确评估。这不仅有助于识别施工人员的技能差距，还能为后续的培训和发展提供数据支持。通过细化考核标准，管理者能够更好地掌握施工现场的整体技能水平，进而制订更为合理的施工计划和安全管理策略。

定期实施技能考核是提升施工人员操作能力和安全意识的有效途径。

理论与实践相结合的考核方式，能够全面评估施工人员的综合能力。在理论考核中，施工人员需要掌握与其岗位相关的安全知识和操作规范，而实践考核通过实际操作来验证其技能水平。综合性的考核方式不仅可以检测施工人员的当前能力，还能促进其在实际工作中的安全操作。通过综合性考核体系，施工企业能够不断优化其施工人员的技能结构，提升整体施工效率和安全水平。

建立技能考核结果的反馈机制是促进施工人员技能提升的重要手段。在考核结束后，及时向施工人员反馈考核成绩，并提供有针对性的培训建议，可以帮助施工人员明确自身的不足和改进方向。反馈机制不仅是对施工人员努力的认可，还能激励施工人员不断提升自己的技能水平，通过这种方式，施工企业可以形成一个良性循环，不断提高施工人员的整体素质，从而在激烈的市场竞争中保持优势。

为了提升考核的实际操作性和趣味性，引入先进的考核技术手段是必要的。虚拟仿真和模拟训练等技术可以为施工人员提供逼真的操作环境，使施工人员在真实感十足的场景中进行技能练习。这不仅能增强施工人员的参与感，还能提高施工人员在实际操作中的反应能力和问题解决能力。通过创新的考核方式，施工企业能够在保证安全的前提下，培养出更加专业和高效的施工团队。

四、施工现场安全管理监督与考核机制的建立

（一）监督机制设计

在建筑工程施工现场，监督机制的设计是确保安全管理措施有效落实的关键环节。监督机制需要全面考虑施工现场的动态环境和复杂因素，建立一套系统化的监督体系。通过定期的安全检查制度，能够及时识别和消除潜在的安全隐患，保障施工人员的生命安全和建筑工程的顺利进行。定期检查不仅是发现问题的手段，更是预防事故发生的有效措施。在检查过

程中，需严格按照制定的安全标准和程序进行操作，以确保每一个施工环节都符合安全要求。

1. 建立定期安全检查制度

建立定期安全检查制度是监督机制设计的核心内容。通过定期的安全检查，可以确保施工现场的安全管理措施得到有效落实。定期检查不仅有助于及时发现和整改潜在的安全隐患，还能提升施工单位对安全管理的重视程度。安全检查制度需要明确检查的频率、内容和责任人，以确保检查工作的规范性和有效性。通过对检查结果的分析，可以为后续的安全管理提供数据支持和决策依据。

2. 引入安全管理信息系统

引入安全管理信息系统是提升施工现场安全管理透明度和监督效率的重要手段。通过信息系统的实时记录功能，可以实现对施工现场安全数据的动态监控和管理。信息系统的应用不仅提高了数据的准确性和及时性，还为安全管理的决策提供了科学依据。系统的透明性能够让各级管理人员实时掌握施工现场的安全状况，从而及时采取有效措施进行调整和改进。

3. 建立安全管理绩效考核机制

建立安全管理绩效考核机制是提升施工单位安全管理水平的重要措施。通过对各施工单位的安全管理措施进行评估，可以激励表现优秀的单位，同时督促整改不达标的单位。绩效考核机制需要明确考核的标准和指标，以确保考核的公平性和客观性。通过考核结果的反馈，施工单位可以明确自身的不足之处，并采取针对性的改进措施，从而不断地提升安全管理水平。

4. 实施安全管理责任追究制度

实施安全管理责任追究制度是确保安全管理责任落实到位的保障。明确各级管理人员在安全管理中的职责，有助于形成责任明确、层层落实的管理格局。责任追究制度需要明确责任的划分和追究的程序，以确保在出现安全事故时能够迅速查明原因并追究相关责任人的责任。通过责任追究，可以有效地提高管理人员的责任意识，从而推动安全管理工作深入开展。

（二）考核标准制定

为了确保施工现场的安全管理水平得到全面评估，建立一套完善的安全管理考核指标体系是基础，这一体系应涵盖事故发生率、隐患整改率和安全培训参与度等关键指标。关键指标不仅反映了施工现场的安全状况，还能揭示出潜在的安全隐患和管理漏洞。在制定考核标准时，需要结合国内外先进的安全管理经验，确保标准的科学性和适用性。通过对关键指标的全面分析，可以为施工现场的安全管理提供有力的数据支撑，帮助管理者及时调整管理策略，提升整体安全水平。

为了确保考核标准的有效实施，定期的安全管理绩效评估是不可或缺的。通过实施定期评估，可以对各施工单位的安全管理水平进行分级评价，这一过程不仅有助于激励表现优秀的单位，更能督促那些未达标的单位进行整改。评估过程中，应综合考虑各单位的实际情况，确保评价的公平性和公正性。同时，评估结果也为进一步优化安全管理措施提供了重要依据。通过不断的评估和反馈，施工单位可以持续改进安全管理实践，形成良性循环，从而有效地降低施工现场的安全风险。

安全管理责任追究机制的建立，是确保责任落实到位的重要保障。在责任追究机制下，各级管理人员在安全管理中的具体职责必须明确。这不仅有助于提高管理人员的责任意识，还能在发生安全事故时，迅速追究责任，进行有效追责。责任追究机制的实施，需要建立在透明、公正的基础之上，确保各级管理人员明确自身职责，并在实际工作中切实履行。通过责任追究机制，可以有效减少由于管理疏忽导致的安全事故，提升整体安全管理水平。

引入第三方评估机构进行独立审查，是确保考核结果客观性和公正性的重要手段。第三方机构以其独立性和专业性，可以对施工现场的安全管理进行全面、客观的评估，为安全管理提供外部监督。通过定期的独立审查，可以及时发现施工现场存在的安全隐患和管理不足，并提出改进建议。这不仅有助于提高安全管理的透明度，还能增强各施工单位的安全管理意识，促使其不断提升安全管理水平。引入第三方评估机构，是实现安全管理精细化的重要一步，为建筑工程的安全施工提供了坚实保障。

第四节　施工成本控制的精细化方法

一、详细施工成本预算与控制目标的建立

（一）成本预算编制方法

在建筑工程施工阶段，成本预算编制方法的科学性和准确性直接关系项目的经济效益和资源的合理配置。成本预算编制方法的核心在于建立科学的成本预算编制流程，确保各项费用的计算方法和标准统一。通过统一的标准，可以有效地避免因预算编制不规范导致的成本偏差。这一过程需要从项目的初期阶段就开始介入，全面分析工程的各个方面，确保预算的全面性和准确性。此外，预算编制过程中应充分考虑项目的实际情况，结合市场行情和资源价格波动，对各项成本进行合理预测。这不仅能够提高预算的准确性，还能为项目的顺利实施提供可靠的财务支持。

在详细施工成本预算的编制过程中，必须根据施工进度和各阶段的具体需求，制定分阶段的成本控制目标。这样做的目的是确保预算能够有效指导施工过程中的资源配置和支出管理。通过明确的成本控制目标，项目管理团队可以在施工过程中及时调整资源投入，避免不必要的浪费，从而提高项目的经济性和可控性。分阶段的成本控制目标还可以为项目的各参与方提供清晰的指导方针，使各参与方在施工过程中能够协调一致，确保项目的顺利推进。

信息化管理工具的引入，是实现施工成本预算动态调整的重要手段。

利用项目管理软件进行实时数据分析和预算跟踪，可以大幅提升成本预算的动态调整能力。在施工过程中，各种不可预见的因素可能导致预算的偏离，通过信息化管理工具，可以及时获取项目的最新数据，进行预算的调整和优化，确保项目在执行过程中的经济性和可控性，不仅提高了预算的实时性和准确性，还为项目的长远发展提供了数据支持，成为建筑工程管理中不可或缺的一部分。

（二）控制目标设定原则

在建筑工程施工阶段，控制目标的设定原则首先要求基于项目的整体战略，确保所设定的目标不仅与项目当前的需求相符，更要与项目的长期发展方向保持一致。战略性的思考能够保证项目在实现短期经济效益的同时，也能为未来的可持续发展奠定基础。因此，控制目标的设定不仅是对当前资源的合理分配，更是对项目生命周期内经济效益的全面规划。

控制目标的可量化性是其有效性的关键。通过具体的数字指标来衡量各项成本的执行情况，不仅可以为项目管理人员提供明确的指导，还能在整个施工过程中提供可供参考的标准。量化的目标设定使监控与调整成为可能，确保项目在各个阶段都能保持在预算的轨道上。精细化的管理方法提高了成本控制的透明度，使资源的使用更加高效。

在设定控制目标时，必须充分考虑市场动态和资源价格的波动。这一原则的意义在于保证预算的灵活性，使其能够适应外部环境的快速变化，从而降低成本风险。建筑行业的特性决定了其面对的市场环境常常充满不确定性，因此，灵活的预算安排能够帮助项目在面对不可预测的市场条件时，仍旧能够维持其经济效益和项目进度。

此外，控制目标还应涵盖各施工阶段的具体要求，以确保在不同阶段能够有效指导资源配置和支出管理。分阶段的控制目标设定不仅能够提高项目的整体经济效益，还能在资源的调配上提供更为精准的指导。通过对各施工阶段的详细分析和规划，项目管理者能够在每一个施工阶段都作出最优的决策，从而使得整个项目的成本控制更加精细化、高效化。

二、精细核算施工过程中的各项成本费用

（一）成本核算流程优化

1. 建立详细的成本核算流程

在建筑工程施工阶段，成本核算流程的优化是实现精细化管理的关键步骤。建立详细的成本核算流程是优化的首要任务，通过明确各项费用的归属和计算方法，可以确保核算的准确性和透明度。具体来说，明确材料、人工、设备等各项费用的归属，制定详细的计算方法，有助于避免因费用归属不清导致的核算误差。此外，优化流程需要引入标准化的核算模板和工具，以减少人工操作的复杂性和错误率。通过对核算流程的不断优化，可以为施工企业提供准确的成本信息，支持管理决策的科学性。

2. 引入信息化管理系统

通过信息化管理系统，施工企业可以实现对各项成本费用的实时记录和跟踪。不仅提升了数据的实时性和可追溯性，还为后续的成本分析和决策提供了可靠的数据支持。信息化系统能够自动生成成本报表，提供多维度的数据分析功能，使管理层能够及时掌握项目的成本动态。此外，信息化管理系统的应用还可以减少人工核算的工作量，提高核算效率和准确性，推动施工企业向数字化、智能化方向发展。

3. 制定分阶段的成本核算标准

制定分阶段的成本核算标准是实现动态成本控制的重要手段。根据施工进度和资源使用情况，动态调整各项费用的核算方式，可以有效地应对施工过程中可能出现的变化和不确定性。分阶段核算标准的制定需要考虑施工项目的特点和市场环境的变化，确保核算标准的科学性和合理性。通过对不同阶段的成本进行精细化管理，施工企业能够更好地控制项目预算，减少成本超支的风险，提高项目的经济效益。

4. 加强成本核算人员的培训

加强成本核算人员的培训是确保核算工作高效进行的基础。核算人员的专业技能和对成本控制重要性的认识，直接影响核算工作的质量和效率。因此，施工企业需要定期组织培训，提高核算人员的专业素养和实操能力，帮助其掌握最新的核算工具和方法。同时，通过培训增强核算人员的成本意识和责任感，可以促使其在工作中更加细致和严谨，确保核算结果的准确性和可靠性。通过培训和管理的双重提升，施工企业能够构建一支高素质的成本核算团队，为项目的成功实施提供有力保障。

（二）成本数据分析方法

1. 建立成本数据分类体系

在建筑工程施工过程中，通过建立成本数据分类体系，可以确保各项费用按照不同类别进行归纳和整理。分类体系不仅便于后续的分析与对比，还能够帮助管理人员快速识别各类成本的分布情况，从而为施工项目的整体成本控制提供基础支持。分类体系的建立需要考虑建筑工程的复杂性和多样性，应涵盖材料费、人工费、机械设备费等多个方面。通过精细化的分类，管理者可以更清晰地掌握每一项费用的具体流向，有效地降低因数据混乱而导致成本失控风险。

2. 利用数据分析软件

利用数据分析软件对施工过程中的各项成本进行趋势分析，是建筑工程管理中一项重要的手段。通过对大量历史数据的整理和分析，管理人员能够识别出成本变化的规律和潜在的节约空间。这一过程不仅仅是对数据的简单处理，更涉及对数据背后深层次信息的挖掘。趋势分析可以帮助管理者预测未来的成本走势，并为制定合理的成本控制策略提供依据。此外，通过对比分析不同施工阶段的成本变化，还可以发现影响成本的关键因素，从而在施工过程中采取针对性的改进措施。

3. 实施成本偏差分析

实施成本偏差分析是精细化成本管理中的关键步骤。通过对预算与实际支出的差异进行深入剖析，可以找出造成偏差的具体原因，并提出改进措施。偏差分析要求管理者具备敏锐的洞察力和分析能力，以便准确识别每一项偏差的根源。偏差分析不仅能够帮助管理者纠正当前的成本控制策略，还可以为今后的项目提供经验借鉴。通过对偏差原因的系统总结，管理者可以不断优化预算编制和执行流程，减少未来项目中类似偏差的发生。

4. 定期生成成本报告

定期生成成本报告是确保施工成本控制持续优化的重要手段。成本报告应汇总各项费用的使用情况和分析结果，为管理层决策提供数据支持。通过定期的报告生成，管理者可以及时掌握施工成本的整体状况，并根据报告中的分析结果调整管理策略。持续的反馈机制能够促进成本控制的动态优化，使施工项目在保证质量的前提下，最大限度地降低成本支出。此外，成本报告的生成和分享也有助于提高团队的成本意识，推动精细化管理理念在施工中的深入应用。

三、优化施工资源配置以降低成本消耗

（一）资源配置策略

科学合理的资源配置策略不仅能降低成本，还能提高施工效率。基于施工进度的动态资源调配是其中的关键策略之一。通过在各工序开展前合理安排人力、物资和设备的使用，可以有效减少资源闲置和浪费。动态调配需要对施工进度进行精确的预测和管理，确保资源在最需要的时间和地点得到合理利用，从而避免不必要的成本增加。

实施资源需求预测机制是优化资源配置的重要策略。通过分析历史项目数据和市场变化，施工单位可以提前识别各阶段的资源需求。资源需求

预测机制不仅有助于优化采购和调度计划，还能为施工过程中的突发情况提供预案支持。通过对历史数据的深入分析，施工单位能够更准确地预测未来的资源需求，从而在采购和调度上作出更为合理的决策，进一步减少资源浪费。

为了提高资源利用率，建立资源使用效率评估体系是必不可少的。定期分析各施工环节的资源消耗情况，可以帮助识别低效环节并进行针对性改进。通过效率评估体系，施工单位能够实时掌握资源的使用效率，并根据评估结果调整资源配置策略。识别低效环节后，施工单位可以采取措施进行优化，从而提高整体资源利用率，降低施工成本。

引入供应链管理理念是优化资源配置的一个有效手段。通过强化与供应商的合作关系，施工单位能够确保及时获取高质量的资源。集中采购不仅能降低采购成本，还能提高资源配置的灵活性。与供应商建立长期稳定的合作关系，有助于在资源供给上形成良好的保障机制，从而在资源调配上更加游刃有余。供应链管理理念的引入，能够从整体上提升施工项目的资源配置效率，为施工成本控制提供有力支持。

（二）资源利用效率提升

在建筑工程施工阶段，资源利用效率的提升是实现成本控制的重要手段。在施工过程中，资源闲置和浪费是影响项目成本的关键因素。通过实施精准的施工计划，科学调度资源，可以确保各工序间的资源利用最大化。精细化管理强调对施工过程的全方位掌控，确保每一环节的资源都能得到最佳配置。这不仅减少了资源的闲置时间，还能有效地控制工序衔接中的资源损耗，从而在整体上降低项目的成本消耗。

引入先进的施工管理软件是提升资源利用效率的重要途径。施工管理软件具备实时监控功能，可以随时掌握资源的使用情况。通过施工管理软件，管理者能够根据施工进度的变化，及时调整资源配置策略。动态的资源管理方式，不仅提高了资源的使用效率，还能在施工过程中及时发现问题，迅速作出调整，避免因资源调度不当而造成资源浪费。这一过程需要对软件进行深入的理解和熟练的操作，以确保其功能充分发挥。

资源共享机制的建立能够有效地促进不同施工团队之间的资源互通。通过共享机制，各团队可以在不增加成本的情况下，使用其他团队的闲置资源。资源的互通有无，不仅避免了重复采购，还能显著提升整体项目的资源利用率。在资源共享过程中，需要建立明确的资源调配和使用规则，以确保资源共享的高效和公平。资源共享机制的实施，需要各团队的密切配合和协调，以实现资源最优配置。

定期开展资源使用效率评估是持续优化资源配置的必要措施。通过分析各施工环节的资源消耗情况，可以识别出低效环节，并制定相应的改进措施。资源使用效率评估不仅是对资源使用情况的总结，也是对未来施工管理的指导。通过不断的评估和改进，施工管理者可以积累宝贵的经验，逐步形成一套行之有效的资源管理策略，确保资源配置的精细化和高效化。持续的优化过程，需要管理者具备敏锐的洞察力和强大的数据分析能力，以推动资源利用效率不断提升。

四、施工成本节约的激励与约束机制实施

（一）激励机制设计

在建筑工程施工过程中，激励机制的设计是确保成本控制措施有效实施的关键。激励机制不仅能调动施工团队的积极性，还能促进施工单位在项目实施过程中主动寻找和实施成本节约措施。通过建立成本节约激励基金，施工团队在达到预定节约目标后，可以获得相应的奖励。激励机制不仅能激发团队的创新能力，还能推动施工单位在成本控制方面持续改进，形成良性循环。

在激励机制中，设定明确的成本控制绩效指标是至关重要的。通过对各施工单位在成本控制方面的表现进行评估，给予相应的奖金或其他形式的奖励，可以有效地激励施工单位不断优化施工方案，降低成本。绩效指

标的设定需要考虑施工项目的具体情况，确保指标的可操作性和公平性，从而激励施工单位积极参与成本控制的各个环节。

团队协作激励机制的实施是促进施工成本节约的重要手段。通过鼓励各部门之间的协作，施工项目可以通过集体的智慧和努力实现成本节约。成功的团队不仅能获得集体奖励，还能增强团队的凝聚力和协作能力。团队协作激励机制的实施需要建立在良好的沟通和协调机制基础上，以确保各部门在项目实施过程中目标一致，步调协调。

此外，个人贡献评估体系的引入能够进一步细化激励机制。通过对每位员工在成本控制中的具体贡献进行评估，表现优秀的员工可以获得额外的奖金奖励或晋升机会。激励机制不仅能激励个人积极参与成本管理，还能促进员工在工作中发挥主观能动性，提升成本控制的整体效果。评估体系的设计需要考虑员工的工作内容和职责，确保评估结果的客观性和公正性。

（二）约束措施的应用

在建筑工程施工阶段，精细化管理的应用尤为重要，尤其是在成本控制方面。有效的约束措施不仅能够防止超支，还能提升项目整体的经济效益。

在建筑工程中，建立严格的成本控制审批流程是确保费用支出合理的重要手段。所有费用支出必须经过预算审核，防止未经批准的超支情况发生。成本控制审批流程的建立，不仅可以增强项目资金使用的透明度，还能有效遏制不必要的开支。通过严谨的审批流程，项目管理者可以更清晰地掌握资金流向，并及时调整预算分配，从而提高资金使用效率。这种做法在国内外建筑项目中均有应用，尤其是在大型项目中，严格的审批流程是保障项目成功的关键。

制定明确的责任追究制度是强化成本控制执行力度的重要措施。在项目管理中，明确的责任分工和追责机制可以提高团队成员的责任意识。对未能遵循成本控制措施的项目负责人进行相应惩罚，不仅是对违规行为的制止，更是对其他成员的警示。责任追究制度的实施需要考虑公平性和透明度，以确保每一位参与者都能理解并接受相关规定。责任追究制度在建筑工程管理中，有助于形成良好的成本控制氛围，促使项目团队自觉遵循既定的成本管理策略。

实施定期的成本审计机制是确保各项支出符合预算的重要手段。通过定期检查，管理层可以及时发现并纠正不合规的费用支出行为。成本审计机制的有效运作依赖专业的审计团队和科学的审计流程。定期审计不仅可以发现问题，还能为项目后期的成本控制提供数据支持和决策依据。成本审计机制在国外建筑工程管理中已成为常态，其成功经验值得国内项目借鉴，以提升整体管理水平。

建立成本控制绩效考核体系，将成本控制效果纳入项目管理者和团队成员的考核指标，是激励其重视成本管理的有效手段。通过将成本控制与绩效考核挂钩，可以促使项目管理者和团队成员在日常工作中更加关注成本的合理使用。绩效考核体系需要结合项目的实际情况进行设计，以确保其科学性和可操作性。在建筑工程管理实践中，绩效考核体系的有效运用，不仅能够提升团队的成本管理意识，还能为项目的经济效益提供有力保障。

第五章

精细化管理在建筑工程验收与维护阶段的应用

第一节　验收阶段的精细化控制

一、验收流程的精细化

（一）精细化验收流程设计

通过建立多层次的验收小组，能够确保各专业人员的深度参与，从而提高验收的全面性和专业性。每个小组成员都具备独特的专业视角和技能，多样性能够有效地识别潜在问题，并提出更具有针对性的解决方案。此外，制定详细的验收时间节点也是流程设计的关键环节。通过合理的时间管理，能够确保各个验收环节按时完成，避免因延误而影响整体工程进度。精确的时间规划不仅有助于资源的合理分配，还能提高整体施工效率。

为了进一步提升管理效率和透明度，信息化管理工具的引入成为必然选择。运用信息化管理工具，验收过程中出现的问题可以实时记录和跟踪，确保所有数据的准确性和可追溯性。这不仅有助于管理层对项目进展的实时掌控，也为后续的改进提供了翔实的数据支持。同时，设置验收反馈机制至关重要。通过及时收集各参与方意见，可以第一时间了解验收过程中存在的不足，并据此进行流程的优化和改进。验收反馈机制不仅提升了验收的质量，也为后续的项目执行积累了宝贵经验。

定期开展验收流程的培训和演练是提升人员专业素养的重要手段。通过系统的培训，相关人员能够更好地掌握精细化管理的要求和标准，提高应对突发情况的能力。持续的能力建设不仅有助于提升团队的整体素质，也为精细化管理在建筑工程中的长期应用奠定了坚实的基础。培训与演练相结合，使验收团队在面对复杂工程时，能够从容应对，确保验收工作高效和高质完成。

（二）验收流程的执行与监控

在建筑工程的验收阶段，精细化管理的核心在于验收流程的执行与监控。通过建立验收流程的实时监控系统，各个环节的执行情况能够实现可视化管理。可视化不仅有助于及时发现问题，还能有效地解决潜在的隐患，确保工程质量符合预期标准。实时监控系统的应用，使每一个验收步骤都变得透明化，所有参与者可以清晰地看到流程的进展情况，从而提高整体的协作效率和执行力。

为了确保验收目标达成，制定验收过程中的关键绩效指标（KPI）尤为重要。通过定期评估各环节的执行效果，管理者能够更好地把握验收过程的质量和效率。KPI 的设定不仅仅是对执行效果的量化评估，也是对验收流程的指引和规范。通过关键绩效指标，团队可以明确自己的工作目标，并在必要时进行调整，以确保最终验收结果的高质量达成。

设立专门的监督小组是验收流程精细化管理的重要措施。监督小组的职责在于对验收流程的日常监督，确保各项标准和流程严格执行。监督小组不仅仅是一个执行机构，更是一个协调和沟通的桥梁，管理者负责收集各个环节的反馈信息，并将其汇总分析，以便及时调整策略，确保验收工作顺利进行且符合既定标准。

实施定期审核机制是对验收流程进行持续改进的重要手段。通过对验收流程中的执行情况进行回顾和分析，管理者可以发现潜在的改进空间。定期审核机制不仅仅是对过去工作的总结，更是对未来工作的指导。通过总结经验教训，团队可以优化验收流程，提高工作效率，并为后续的工程验收提供有力支持。

二、精细化验收检查专业团队的组建

（一）团队角色与职责分配

在建筑工程验收阶段，精细化管理的有效实施依赖一个专业团队的精确组织与角色分配。团队角色与职责的明确划分是确保验收工作高效、有序进行的基石。验收团队负责人在整个过程中扮演着核心角色，负责组织、协调和管理整体验收工作。其职责不仅仅是确保各项任务顺利进行，还包括制订工作计划、分配任务、监督执行，并在必要时进行决策调整。通过有效的领导，团队可以更好地应对验收过程中可能出现的各种挑战，保证项目的最终质量达到预期标准。

专业技术人员在验收团队中承担着技术支撑的重任。专业技术人员根据各自的专业领域，如结构、电气、给排水等，进行详细的验收检查。专业技术人员通过对施工质量的严格把关，提供专业意见和技术支持，确保项目的每一个细节都符合设计要求和行业标准。专业技术人员的参与不仅提高了验收过程的科学性和严谨性，还为后续的维护工作奠定了坚实的基础，他们的专业判断对于发现潜在问题和提出改进建议至关重要，直接影响工程的长远使用效果。

质量控制专员的职责是对验收过程中施工质量进行全面监控。质量控制专员确保所有施工环节符合相关标准和规范，及时发现并解决质量问题。通过系统的质量监控，质量控制专员能够有效预防和纠正施工中的偏差，保障工程的整体质量。质量控制专员的工作不仅包括现场检查，还涉及对施工记录的审核和质量报告的编制，他们的专业能力和细致入微的工作方法是工程质量管理的重要保障，为工程的顺利验收提供了技术支持和数据依据。

文档管理人员在验收团队中负责收集、整理和归档验收记录和报告，确保验收过程的透明性和可追溯性，他们的工作包括对所有验收文件的管理，确保其完整性、准确性和可访问性。通过系统的文档管理，可以为后续的工程维护和管理提供重要的参考依据。文档管理人员的细致工作不仅提高了验收过程的效率，还为工程的长久使用提供了有力支持，确保工程信息的完整保存和有效利用。

沟通协调专员在验收过程中承担着重要的桥梁角色，负责各参与方沟通与协调，他们及时反馈验收过程中的问题和意见，促进信息共享与合作。沟通协调专员通过有效的沟通策略，确保各专业人员之间的信息流畅，减少误解和冲突。其工作的核心在于建立一个开放、透明的沟通环境，使所有团队成员都能及时了解验收进展和问题解决方案，从而提高整个团队的工作效率和验收质量。

（二）专业技能与培训要求

在建筑工程的验收阶段，验收团队的专业技能和培训要求至关重要。验收团队成员须具备相关专业领域的知识和技能，以确保能够准确评估施工质量和材料性能。验收团队的成员需要在建筑工程、材料科学、结构分析等领域具有深厚的知识储备和实践经验，只有具备扎实的专业技能，验收团队成员才能在验收过程中识别潜在的问题和缺陷，确保建筑工程的质量符合设计和安全标准。

定期开展专业技能培训是提升验收团队成员技术水平和行业标准理解的关键措施。通过系统化的培训计划，团队成员能够及时更新和巩固其专业知识，适应不断变化的行业标准和技术要求。专业技能培训不仅包括理论学习，还应结合实际操作和案例分析，使团队成员能够在真实环境中应用所学技能，从而增强验收工作的专业性和有效性。此外，专业技能培训还应注重提升团队成员对建筑法规、标准和规范的理解，以确保验收工作符合法律规范和行业要求。

建立健全的知识分享机制是提高整体验收能力的有效途径。通过鼓励团队成员之间的经验交流和最佳实践分享，可以实现知识的传递和创新。验收团队可以组织定期的研讨会、经验分享会，或利用数字化平台建立知识库，方便团队成员随时查阅和更新信息。知识分享机制不仅能促进团队内部的协作和学习，还能激发团队成员的创新思维，推动验收工作持续改进和优化。

针对新技术、新材料的应用，组织专项培训是确保验收团队能够适应行业发展和技术更新的重要手段。随着建筑行业技术的不断进步，新材料和新工艺的应用日益广泛。验收团队需要通过专项培训，及时掌握新技术、新材料的特点和应用方法，以确保在验收过程中能够准确评估其性能和质量。专项培训应结合实际案例，帮助团队成员理解新技术、新材料的应用场景和注意事项，从而提高验收工作的针对性和有效性。

（三）团队协作与沟通机制

在建筑工程验收阶段，团队协作与沟通机制的建立是确保项目顺利进行的关键。通过建立定期的团队会议机制，各成员可以分享进展、讨论问题，并共同制订解决方案。团队机制不仅促进了信息的透明化，还增强了团队的凝聚力。定期会议为团队成员提供了一个平台，能够及时了解项目的最新动态，确保每个人都在同一进度上，通过这种方式，团队可以迅速识别潜在问题，并在问题扩大之前进行有效处理。此外，会议机制还鼓励团队成员在多样化的专业背景下进行深入讨论，集思广益，从而提高验收阶段的决策质量。

为了进一步提高团队的协作效率，利用项目管理软件实现信息共享是必不可少的，通过这些软件，团队成员能够实时访问最新的项目进展和验收信息，确保信息的准确性和及时性。技术手段的应用，打破了传统信息传递方式的局限，使团队成员无论身处何地，都能获取统一且最新的信息。此外，项目管理软件还提供了数据分析功能，帮助团队成员快速识别进度偏差，并及时调整计划。信息化的管理手段，不仅提高了工作效率，还为各参与方提供了一个透明的交流平台，减少了信息不对称带来的沟通障碍。

设立跨部门沟通渠道是促进不同专业人员之间协作的重要举措。建筑工程验收涉及多个领域的专业知识，设立有效的沟通渠道，能够确保各领域的意见和建议被充分考虑。跨部门沟通渠道的建立，打破了专业壁垒，促进了不同专业人员之间的相互理解与合作。在验收过程中，跨部门协作能够更全面地发现问题，并提出更具针对性的解决方案。跨部门协作方式不仅提高了验收的整体质量，还推动了各部门之间的资源共享与优化配置，形成一个高效的合作网络。

制定明确的沟通流程是确保验收过程顺畅的基础。清晰的沟通流程能够确保各参与方在验收过程中及时反馈信息，避免因沟通不畅导致延误和误解。明确的流程规定了信息传递的路径和责任，使每个环节都有据可循。这不仅提高了信息传递的效率，还增强了各参与方的责任感和参与感。通过规范化的沟通流程，团队能够更迅速地响应变化，减少不必要的延误，确保验收工作高效推进。

三、验收文件与资料完整性和准确性的确保

（一）文件资料的分类与整理

在建筑工程验收阶段，文件资料的分类与整理是确保验收文件完整性和准确性的关键步骤。文件资料的分类标准应依据文件类型进行系统化整理，包括设计图纸、施工记录、检测报告等，通过这种分类方法，可以有效地提高文件的查找和使用效率。此外，建立文件资料电子化管理系统至关重要，能够实现文件的高效存储、便捷检索和快速共享，从而提升工程管理的整体效率。电子化管理还能够减少纸质文件的使用，降低管理成本，并提高文件的安全性和保密性。

为了确保文件资料的更新与准确性，制定文件资料更新与审核机制是必不可少的。其核心在于确保所有文件信息的及时性和准确性，避免因信息滞后或错误而导致工程验收问题。更新与审核机制应包括定期检查文件更新情况，并对文件的准确性进行核实。同时，建立文件资料的归档规范也是文件管理中的重要环节。归档规范应明确文件的命名规则和存放位置，以便后续查阅与管理，这不仅提高了资料的可管理性，还为未来的工程维护和修缮提供了可靠依据。

定期对文件资料进行审查与清理是维护资料整洁性的重要措施。通过定期审查，可以及时发现并删除无效或过期的文件，避免因冗余信息而导致管理混乱。同时，审查与清理过程还能帮助管理人员对文件资料的整体情况进行评估，进一步完善文件管理策略。通过以上措施，建筑工程验收阶段的文件资料管理能够在精细化管理的框架下，达到高效、准确和系统化的目标，为工程的顺利验收和后续维护奠定坚实的基础。

（二）验收文件的审核与校对

在建筑工程验收阶段，验收文件的审核与校对是一项至关重要的任务。审核流程的明确责任分工是确保验收文件准确无误的基础。每份文件从审核到校对过程中，必须有专人负责，以避免出现遗漏和错误。责任分工不仅提高了审核的效率，还能确保每一份文件都经过细致检查。明确的责任分工有助于在出现问题时迅速定位责任人，从而更有效地解决问题。

建立验收文件的审核标准是提升审核效率的关键。审核标准应涵盖格式、内容完整性和准确性等方面的具体要求。通过制定统一的审核标准，审核人员可以在文件审核过程中有据可依，减少主观判断的偏差。此外，标准化的审核流程还能帮助新进审核人员快速掌握审核要点，缩短学习曲线，提高整体审核的效率和准确性。

引入多级审核机制是增强文件审核严谨性和全面性的有效手段。多级审核包括初审、复审和终审环节，各环节之间的有效衔接确保了文件审核层层把关。初审主要负责基础内容的核对，复审则侧重于细节和逻辑的检查，而终审则是对整体文件的全面把控。多层次的审核机制能够最大限度地减少错误和遗漏，确保验收文件的高质量。

利用信息化工具对审核过程进行记录和跟踪是建筑工程管理中的重要手段。通过信息化工具，审核的每个环节都可以被详细记录，形成完整的审核历史，这种记录不仅提高了审核过程的透明性，还便于后续的查阅和追溯。一旦出现问题，可以通过审核记录快速找到问题的根源，及时采取补救措施，减少对建筑工程项目整体进度的影响。

（三）资料存档与信息安全

在建筑工程验收阶段，资料存档与信息安全是确保工程文件完整性与准确性的重要环节。建立完善的资料存档制度是关键，明确各类文件的存放要求和管理流程，可以有效地保障资料的系统性和规范性。通过对资料存档的系统化管理，能够确保每一份文件的可追溯性，从而在需要时能够快速定位和调取相关信息。系统化的管理不仅提高了工作效率，还减少了因资料丢失或误置带来的风险。

采用电子化存档系统是当前建筑工程管理的趋势。电子化存档系统的引入，不仅大大提高了资料存取的便捷性和效率，还减少了纸质文件的使用，从而降低了管理成本。电子化系统的使用，使资料的存储和查找更加高效，同时也符合绿色环保的要求。通过减少纸质文件的使用，建筑工程管理在环保和可持续发展方面迈出了重要的一步。

为了确保重要数据和文件的安全防护，实施定期备份机制是不可或缺的。备份机制的实施，能够有效防止因系统故障或意外事件造成数据丢失。通过定期备份，确保使在突发事件发生时，重要资料依然能够得到恢复。定期备份机制为建筑工程管理提供了安全保障，使管理者能够更加放心地进行其他管理工作。

此外，定期进行资料安全审计，对于评估存档系统的安全性和有效性至关重要。通过安全审计，能够及时发现并整改潜在的安全隐患，确保资料存档系统始终处于最佳状态。安全审计不仅是对现有系统的检验，也是对未来安全策略的指导。通过不断审计和改进，建筑工程的资料管理可以达到更高的安全标准，为整个建筑工程的顺利进行提供保障。

四、验收问题的精细化整改与追踪

（一）问题分类与分析

在建筑工程验收阶段，问题的分类与分析是实现精细化管理的关键步骤。通过对验收中发现的问题进行系统分类，可以更有效地进行针对性整改。验收问题通常可以分为质量问题、材料问题和工艺问题等类别。质量问题涉及施工过程中未达到设计标准的情况；材料问题指使用的建筑材料不符合规范要求；工艺问题则是由于施工方法不当导致缺陷。通过分类，管理者可以根据不同问题的性质制定相应的整改措施，提高整改的精准性和有效性。

为了确保整改措施的有效性，必须对验收问题的原因进行深入分析。这不仅需要识别出表面问题，还需挖掘出潜在的根本原因和风险。通过分析，能够识别出问题产生的关键环节，从而制订更具针对性的解决方案。例如，质量问题可能源于施工人员的操作失误或设计图纸不完善，材料问题可能与供应商的选择有关，而工艺问题可能需要改进施工流程，识别这些根本原因有助于在整改过程中避免类似问题再次发生。

建立问题记录和追踪系统是精细化管理的重要方面，该系统能够确保每个问题的整改进度和效果都能被实时监控和评估。通过信息化手段，将问题的发现、分析、整改和追踪等环节进行系统化管理，可以提高管理效率。问题记录系统不仅记录问题的详细信息，还包括整改措施、责任人、整改期限等关键数据。实时追踪和反馈机制能够确保问题整改的及时性和有效性，避免因信息不对称导致整改延误。

在问题整改过程中，制定优先级策略是资源优化配置的必要手段。根据问题的严重程度和影响范围进行分类处理，可以有效优化资源使用。例如，对于严重影响建筑安全和使用功能的问题，应优先处理，而对于影响较小的问题，可以在资源允许的情况下逐步解决。这样不仅能提高整改工作的效率，还确保资源合理分配和使用。

（二）整改方案制订

在建筑工程验收阶段，制订详细的整改方案是确保项目顺利完成的重要环节。首先，整改方案的制订需要明确每个问题的具体目标、步骤和责任人，以确保每项问题都能得到针对性的解决。明确的目标能够为整改工作提供清晰的方向，而详细的步骤为实施过程提供了具体的操作指南。责任人的指定是为了确保每个环节都有专人负责，提高整改效率和效果。通过系统化的管理方法，可以有效地避免问题遗漏和责任推诿。

其次，引入科学的整改评估标准是确保整改方案有效实施的关键。通过设定可量化的指标，项目管理者能够对整改效果进行客观的评估和反馈，这不仅有助于提高整改工作的透明度，还能为后续的改进提供数据支持。量化指标的设定需要结合工程的具体情况和行业标准，以确保其具有科学性和可操作性。标准化管理可以提高整改工作的效率，并为建筑工程项目的质量提升提供有力保障。

再次，为了确保整改措施按时完成，建立整改方案的实施时间表至关重要。时间表的制定需要考虑每项整改措施的复杂性和所需资源，以避免因拖延影响项目整体进度。通过合理的时间管理，可以协调各项工作的开展，确保工程验收阶段顺利进行。此外，时间表的制定还应具有一定的灵活性，以便在遇到不可预见的情况时能够及时调整。

最后，加强与相关方的沟通是确保整改方案顺利实施的基础。通过与项目各参与方有效沟通，可以确保整改方案的透明性和可理解性，促进各参与方对整改措施的支持和配合。在整改过程中，相关方的积极参与和协作能够大大提高整改工作的效率和效果。通过建立良好的沟通机制，可以有效地减少因信息不对称导致误解和冲突，确保项目顺利推进。

（三）整改过程监控

在建筑工程验收阶段，整改过程监控是确保工程质量的重要环节。通过建立整改过程实时监控平台，工程管理者可以利用先进的信息化工具记录整改进展。可视化的手段不仅使各项措施的实施情况一目了然，还能为管理层提供决策支持。实时监控平台的应用，不仅提高了整改效率，还能有效减少人为因素对整改过程的干扰，确保整改工作的透明度和高效性。

为提升整改措施的有效性，建立整改过程中的定期评估机制尤为重要。通过定期检查整改效果，管理者能够及时发现并解决潜在问题，确保措施的有效性和适时调整。定期评估机制不仅有助于及时纠偏，还能为未来类似工程提供宝贵的经验积累。定期评估结果也为工程管理者提供了一个衡量整改工作成效的客观标准，从而推动整改工作持续改进。

整改过程中的反馈渠道的设立，是促进整改措施优化与完善的关键。通过及时收集各参与方意见，管理者可以在第一时间获取来自施工方、监理方以及业主方的反馈信息。多参与方的反馈机制，有助于发现整改过程中的不足，并在各参与方的共同努力下进行优化，这不仅提高了整改措施的科学性和合理性，也增强了各参与方对整改结果的信心。

在整改过程中，实施问题闭环管理是解决整改问题的有效策略。通过闭环管理，确保每个整改问题都能得到有效解决，并形成完整的整改记录，这种管理方式，不仅提高了整改工作的系统性和完整性，也为后续的工程管理提供了详细的参考资料。问题闭环管理的实施，使每一个整改问题都能在发现、分析、解决、记录的过程中得到彻底解决，避免问题反复出现，提升工程的整体质量。

第二节　工程质量的精细化评估与改进

一、全面质量评估标准与指标体系的制定

（一）评估标准的制定原则

评估标准的制定原则在建筑工程质量管理中具有重要作用。评估标准应严格基于国家和地方的建筑法规与行业规范，这不仅确保了建筑工程符合最低质量要求和安全标准，同时也为工程质量提供了法律和技术保障。在制定评估标准时，必须全面考虑施工质量、材料性能、功能适用性以及环境影响等多个维度。施工质量是工程质量的核心，直接关系建筑物的安全性和耐久性；材料性能决定了建筑物的使用寿命和维护成本；功能适用性反映了建筑物能否满足使用者的需求；环境影响涉及建筑物对周围环境的影响和可持续发展。全面的质量评估标准应涵盖以上关键方面，以实现对建筑工程质量的全面评估。

评估过程的可操作性和可量化性是确保评估标准有效性的关键。每项评估指标都应通过明确的测量工具和方法进行评估，以便于实际操作和结果的量化分析。可操作性确保了评估过程的顺利实施，而可量化性使评估结果具有可比较性和可追溯性。这需要在制定标准时，充分考虑评估工具的选择和测量方法的科学性，确保每个指标都能通过具体的数据和事实进行验证。通过这样的方式，评估标准不仅具有理论上的合理性，更在实践中具备可行性。

动态调整机制的建立是评估标准与指标体系长久适应性和前瞻性的保障。在建筑工程项目的不同阶段，项目的实际情况和外部环境可能会发生变化，这就要求评估标准能够根据项目进展和反馈进行动态调整。通过不断优化评估标准与指标，能够及时应对新出现的问题和挑战，确保评估体系始终保持科学性和有效性。动态调整机制不仅体现了精细化管理的灵活

性，还增强了建筑工程质量管理的持续改进能力，为工程的高质量交付提供了有力支持。

（二）指标体系的构建方法

在建筑工程质量的精细化管理中，构建科学合理的指标体系是评估和改进工程质量的关键。指标体系的构建方法不仅决定了评估的准确性，还影响后续改进措施的有效性。为了确保评估的全面性，构建指标体系时应引入多维度的评估视角，包括施工质量、环境影响、经济效益和社会适应性等方面。施工质量评估主要关注工程的结构安全性和耐久性，而环境影响考察建筑项目对周边生态系统的影响。经济效益评估不仅关注项目的直接经济收益，还考虑其对区域经济发展的推动作用。社会适应性则评估建筑项目在满足使用者需求和融入社会环境方面的表现。通过多维度视角的引入，能够更全面地反映建筑工程的整体质量水平。

在指标体系的构建过程中，采用定量与定性相结合的方法是至关重要的。定量分析为各项指标提供了可量化的标准，使评估结果更加客观和易于比较。例如，施工质量可以通过具体的数值指标如误差范围、材料强度等进行量化。而定性分析通过专家评审、使用者反馈等方式，反映指标在实际应用中的重要性和效果。定量与定性相结合方法不仅确保了每个指标的科学性，还增强了评估体系对实际工程情况的适应性。通过分类整理和分析各项指标，能够更好地理解其在整体评估中的作用和意义。

在评估过程中，设置基准值和目标值是确保各项指标合规性和明确改进方向的重要手段。基准值通常是根据行业标准和法规设定的最低要求，而目标值代表了更高的质量期望和改进方向。通过与行业标准对比，评估人员可以识别出哪些指标达到合规要求，哪些指标还需要进一步优化。对比分析不仅有助于发现工程质量的不足，还可以为制定改进措施提供明确的方向和依据。

为了保持指标体系的适应性和有效性，建立动态监测机制是必不可少的。通过定期收集和分析评估数据，能够及时发现建筑工程质量管理中的新问题和新趋势。动态监测机制的核心在于对数据的持续跟踪和分析，以便根据实际情况及时调整和优化指标体系。动态监测机制不仅提高了指标体系的灵活性，还增强了其在不同阶段和条件下的适用性。通过动态调整，能够确保评估体系始终与建筑工程质量管理的最新要求保持一致。

二、质量评估流程与方法的精细化

（一）评估流程的标准化

在建筑工程质量评估中，标准化的评估流程是确保质量管理有效性的关键。建立标准化的评估流程，不仅可以提高工作效率，还能确保每个评估环节都有明确的步骤和责任分配。通过评估流程标准化，评估人员能够在统一的框架下开展工作，减少因个人差异导致偏差和错误。标准化的流程设计有助于提高工作透明度，使管理层能够清晰地了解每个环节的进展情况，从而进行有效的监督和指导。标准化流程的建立需要结合项目的具体需求，确保其在不同项目中具有普适性和灵活性。

为了确保评估过程中的数据收集和分析具有一致性和可比性，制定统一的评估工具和方法规范是必不可少的。通过制定详细的评估标准和指标，评估人员可以在统一的标准下进行操作，减少主观判断带来的误差。统一的规范不仅包括数据的采集方法，还涉及数据分析的技术和工具选择。统一的规范能够确保评估结果的可靠性，使不同项目的评估结果可以进行横向比较，为后续的质量改进提供科学依据。

引入信息化管理系统是实现评估流程标准化的重要手段。通过信息化管理系统，评估过程中的数据和结果可以实时记录并存储在系统中，增强数据的可追溯性。信息化手段不仅提高了数据管理的便捷性，还使评估结果可以快速地反馈给相关人员，以便及时进行调整和优化。此外，信息化系统还可以通过数据分析功能，为管理层提供更为深入的分析报告，支持决策的科学化和精细化。

为了保持评估流程的有效性和适应性，设定定期评估机制是必要的，这一机制的建立使评估流程能够根据项目进展和反馈进行动态调整和优化。在建筑工程的不同阶段，项目的需求和外部环境可能发生变化，定期评估机制可以及时捕捉这些变化，确保评估流程始终与项目的实际情况相匹配。通过不断的调整和优化，评估流程能够保持其在不同阶段的有效性，为项目的质量管理提供持续支持。

（二）评估方法的选择与应用

在建筑工程的质量评估过程中，评估方法的选择与应用是确保评估结果科学性与准确性的关键。通过科学合理的评估方法，能够有效地评估施工质量和材料性能的符合度。定量评估方法的应用尤为重要，通过统计分析施工数据，可以精确衡量施工质量与材料性能的符合度。定量评估方法不仅能提供客观的评估数据，还可以通过对历史数据的分析，发现潜在的问题和趋势，从而为后续工程的质量控制提供有力的支持。定量评估在建筑工程中的应用，使施工过程中的每一个环节都能得到量化的分析和验证，确保工程质量稳步提升。

定量评估方法与定性评估方法结合使用，为建筑工程质量评估提供了更为全面的视角。通过专家评审和实地考察，可以深入分析项目的功能适用性和环境影响。专家评审能够利用其丰富的经验和专业知识，对工程质量进行深度剖析，识别出定量评估难以发现的问题。实地考察通过现场观察和数据采集，提供真实的工程现状信息，为评估结果的准确性提供保障。定性评估与定量评估相结合，形成一个多维度的评估体系，使建筑工程质量评估更加全面和深入。

在精细化质量评估中，使用风险评估工具至关重要。通过识别潜在的质量风险点，可以提前制定相应的预防和应对措施，这不仅有助于提升整体工程质量管理水平，还可以有效降低质量问题的发生概率。风险评估工具的应用，使工程管理者能够在施工过程中及时发现和解决潜在问题，将风险控制在最低水平。通过风险评估，工程项目的管理者能够更好地掌握工程全局，确保项目顺利进行。

为了确保评估方法的持续有效性，建立持续改进评估方法的反馈机制是必要的。通过定期收集评估结果与项目反馈，可以不断优化评估流程和标准，确保评估方法的动态适应性。反馈机制的建立，不仅能够及时反馈评估过程中的不足，还可以为评估方法的改进提供数据支持。通过不断反馈和改进，评估方法能够更好地适应工程项目的复杂性和多变性，确保评估结果的可靠性和科学性。动态的评估机制，为建筑工程质量的精细化管理提供了坚实的基础。

三、针对评估结果制定改进措施

（一）识别关键问题

在建筑工程质量的精细化评估中，通过深入分析施工过程中的质量缺陷，可以明确影响工程质量的关键因素，这一过程不仅需要对施工记录进行详细的审查，还需结合现场检查结果，以确保所有潜在问题都得到识别。识别施工过程中的质量缺陷，要求技术人员具备丰富的实践经验和专业知识，以便在复杂的施工环境中准确判断问题的根源。识别关键问题的准确性直接关系后续改进措施的有效性，因此，这一环节在精细化管理中占据重要地位。

材料性能达标与否直接影响建筑工程的质量和安全。分析材料性能不达标的原因，是确保建筑工程用材符合相关标准与规范的关键步骤，在这一过程中，需要对材料的采购、检验及使用进行全程跟踪，以确保每一批次材料都经过严格的质量检测。同时，材料性能不达标可能源于供货商的质量控制不足或材料储存不当，因此，建立完善的材料管理体系，对材料的性能进行定期评估和反馈，能够有效地减少材料质量问题的发生。

施工工艺的合理性是确保建筑工程安全和质量的重要因素。通过评估施工工艺的合理性，可以识别可能导致安全隐患的工序和操作。在施工过程中，工艺的选择和实施需要严格遵循设计规范和标准操作程序，以避免由于不当操作导致施工质量问题。在实践中，施工工艺的评估不仅要关注工序的技术性，还需考虑其经济性和环境友好性。合理的施工工艺能够有效降低施工成本，提高工程质量，并减少对环境的负面影响。

施工现场的环境影响监测是建筑工程质量管理的重要组成部分。通过监测施工现场的环境影响，可以识别对周边环境造成负面影响的因素，进而采取相应的改进措施。在城市化进程加快的背景下，建筑工程对周边环境的影响备受关注。通过环境监测，项目管理者可以及时发现并改进施工过程中的环境问题，确保工程建设与环境保护协调发展。这不仅有助于提升工程的社会认可度，也为企业的可持续发展奠定了基础。

（二）制订改进计划

1. 明确改进目标

在建筑工程的验收与维护阶段，制订改进计划是精细化管理的重要环节。改进计划的制订需要明确的目标，以确保每项改进措施都有具体的期望结果和评估标准。明确的改进目标不仅为项目参与者提供了清晰的方向，还为后续的评估提供了标准。为此，制订改进计划时，首先需要对评估结果进行深入分析，识别出需要改进的关键领域，并为每个领域设定具体的目标。目标导向的策略能够确保每项改进措施都有其实现路径和衡量标准，从而提高改进的有效性和效率。

2. 建立跨部门协作机制

跨部门协作机制的建立是确保改进计划成功实施的关键。建筑工程项目通常涉及多个部门和专业领域，单一部门难以独立完成所有改进任务。因此，在制订改进计划时，必须建立有效的跨部门协作机制，确保各相关部门能够共同参与改进计划的制订与实施。通过协作机制，各部门可以共享资源和信息，优化资源配置，避免重复劳动和资源浪费。此外，跨部门协作还能带来多角度的思考和创新，帮助识别更全面的改进措施，从而提升整体项目的质量和效率。

3. 数据驱动改进

数据驱动的方法在制订改进计划中扮演着至关重要的角色。通过分析历史数据和评估结果，可以识别出改进的优先领域，确保改进措施的针对性。数据分析不仅能帮助识别当前存在的问题，还能预测未来可能出现的挑战，为制订更具前瞻性的改进计划提供依据。引入数据驱动的方法，能使改进计划更具科学性和可操作性，从而提高改进措施的成功率和项目的整体质量。

4. 建立反馈与评估机制

建立反馈与评估机制是确保持续改进有效性的重要保障。通过定期检查改进措施的效果，可以及时发现问题并进行必要的调整和优化。反馈与评估机制不仅有助于及时纠正偏差，还能为未来的改进措施提供宝贵的经验和教训。通过不断反馈和优化，能实现持续改进，提升建筑工程项目的整体质量和管理水平。

四、质量评估团队专业能力与水平的提升

（一）团队培训与能力建设

团队培训与能力建设在建筑工程质量的精细化评估与改进中具有核心作用。为了确保团队成员具备必要的专业知识和合规意识，必须建立系统化的培训计划。培训计划应全面涵盖建筑工程相关的法律法规、行业标准以及精细化管理理念。这不仅有助于团队成员理解和掌握最新的法律要求和行业动态，还能培养团队成员在具体操作中应用这些知识的能力。通过系统化培训，团队成员能够更好地理解质量评估的标准和要求，从而在实践中作出更准确的判断。

在提升团队成员的专业能力方面，针对性的技能提升培训是不可或缺的，这些培训应重点关注质量评估、问题整改及信息化管理工具的使用等

实操能力。通过模拟真实场景和案例分析，团队成员可以更好地掌握如何在实际工作中识别和解决质量问题。此外，信息化管理工具的使用培训可以帮助团队更高效地进行数据管理和分析，提高整体工作效率。技能提升培训不仅增强了团队的实战能力，也为精细化管理在建筑工程中的应用提供了有力支持。

为了确保培训效果的持续性和有效性，实施绩效考核机制是必要的。通过评估培训效果和实际工作表现，团队成员可以获得及时的反馈，从而激励团队成员持续学习和自我提升。绩效考核不仅可以识别出优秀的团队成员，给予他们相应的奖励，还可以帮助管理者发现需要进一步提升的领域。此举不仅有助于团队专业能力的不断进步，也为建筑工程质量的精细化管理奠定坚实的基础。通过培训，团队能够保持高水平的专业能力和评估水平，确保建筑工程质量不断提升。

（二）专业水平的持续提升策略

在建筑工程质量评估中，团队成员的专业水平直接影响评估结果的准确性和可靠性。因此，提升团队成员的专业水平是推动建筑工程质量精细化管理的关键策略。

首先，建立持续学习机制至关重要。通过鼓励团队成员定期参加行业研讨会和专业培训，团队成员能够及时获取最新的行业知识和技术动态。这不仅有助于提升个人的专业能力，也有助于团队整体素质的提高。在快速变化的建筑行业中，持续学习是保持竞争力和适应性的必要条件。

其次，跨部门交流与合作是促进团队专业水平提升的有效途径。通过定期的项目分享会和经验交流会，团队成员能够在不同专业领域之间共享知识和技术。跨部门的互动不仅能激发创新思维，还能提升团队成员解决复杂问题的能力。建筑工程项目涉及多个专业领域，跨部门协作能够有效地整合各方资源，提升项目的整体质量和效率。

再次，引入行业认证和专业资格考试是激励团队成员提升专业能力的重要手段。通过考取相关资质，团队成员可以更好地掌握行业标准和规范，提升个人的专业水平。外部认证不仅为个人提供了职业发展的动力，也为团队的整体素质提升提供了保障。在建筑工程质量评估中，具备行业认证的团队成员能够更好地理解和应用精细化管理的原则和方法。

最后，制订个人职业发展规划是促进团队成员专业水平提升的长远策略。鼓励团队成员设定明确的职业目标和发展路径，有助于其在专业领域的深入研究与实践。个人职业发展规划不仅能帮助团队成员明确自身的发展方向，还能激发其不断追求卓越的动力。通过在专业领域的持续深耕，团队成员能够不断提升自身的专业水平，为建筑工程质量评估提供更为精准和可靠的支持。

第三节　后期维护的精细化管理策略

一、精细化维护计划与预防性维护措施的制定

（一）精细化维护计划的编制

在建筑工程后期维护阶段，维护计划的精细化编制是确保建筑物长期安全和高效运行的关键环节。维护计划的制订应充分考虑建筑工程的实际使用情况和运行数据，以确保其针对性和有效性。这意味着在编制计划时，需要详细分析建筑物的使用频率、环境条件以及设备的运行状态等因素，以便制定出最符合实际需求的维护策略。通过精细化的编制方式，可以有效地减少不必要的维护工作，提高资源利用效率。

制订维护计划时，必须充分考虑各类设备和系统的维护周期，以确保预防性维护与设备使用寿命相匹配。不同设备和系统的使用寿命和维护需求各不相同，因此需要对其进行分类管理。通过对设备历史数据的分析和对比，确定其最佳维护周期，从而避免过度维护或维护不足。精细化的周期管理不仅能延长设备的使用寿命，还能降低维护成本，提高建筑工程的

整体运营效率。

维护计划的精细化编制还包括详细的责任分配，明确各项维护工作的具体负责人。责任分配的明确性是确保任务落实到位的重要保障。在维护计划中，应清晰地列出每项维护工作的具体内容、时间节点及其负责人员。通过责任分配方式，可以有效避免责任不清、推诿扯皮的现象，确保每项维护工作能够按计划顺利进行，从而提高后期维护的管理效率。

建立维护计划的反馈机制是精细化编制的重要组成部分。通过定期评估维护效果，可以及时发现问题并进行必要的调整和优化。反馈机制的建立不仅有助于提高维护工作的透明度和科学性，还能为后续计划的制订提供可靠的数据支持。通过对反馈信息的分析，可以不断优化维护策略，提高建筑工程的整体管理水平，确保其在使用周期内始终保持良好的运行状态。

（二）预防性维护措施的优化

1. 优化措施制定流程

预防性维护措施的优化在建筑工程的后期维护阶段扮演着至关重要的角色。优化预防性维护措施的制定流程是提升建筑工程维护质量的关键步骤。通过数据分析和现场评估，管理人员能够准确把握建筑设备的实际使用情况，从而制订出更为合理的维护计划。数据分析不仅能揭示设备运行的历史趋势，还能预测未来可能出现的问题，使维护工作更具前瞻性。现场评估则补充了数据分析的不足，通过实地观察设备运行状态，确保制订的维护计划与实际需求相匹配。双重保障机制，有效地提高了维护工作的精准度和可靠性。

2. 引入智能监测技术

引入智能监测技术是优化预防性维护措施的重要手段。智能监测技术通过传感器和物联网设备，能够实时跟踪建筑设备的状态和运行数据。实时数据为管理人员提供了设备健康状况的全面视图，使其能够及时发现潜在故障并采取预防性维护措施。智能监测技术的应用不仅提高了故障检测的及时性，还降低了设备停机时间和维护成本。通过对实时数据分析，管理人员可以更好地掌控设备运行状况，提前预防可能出现的问题，将传统的被动维护转变为主动维护。

3. 建立跨部门协作机制

建立跨部门协作机制是确保设备维护与运营管理之间信息共享的关键。建筑工程的维护工作往往涉及多个部门的协作，如设施管理部门、运营管理部门和财务部门等。通过建立有效的跨部门协作机制，各部门之间能够实现信息无缝共享，避免出现信息孤岛。跨部门协作机制不仅提高了维护措施的有效性，还加快了响应速度，使设备故障能够得到及时处理。此外，跨部门协作还促进了不同专业领域的知识共享，提升了整体维护方案的科学性和可行性。

4. 定期开展维护效果评估

定期开展维护效果评估是持续优化维护方案的基础。通过收集和分析维护反馈信息，管理人员可以了解当前维护措施的适应性和有效性。维护反馈信息包括设备故障率、维修时间、维护成本等关键指标，为维护方案的调整提供了重要依据。通过定期评估，管理人员能够及时发现和纠正维护方案的不足，确保其始终处于最佳状态。持续的优化过程不仅提高了设备使用寿命，还显著降低了运营成本，提升了建筑工程的整体效益。

二、高效维护响应与故障处理机制的建立

（一）维护响应流程的精细化

在建筑工程的后期维护阶段，维护响应流程的精细化设计是确保故障处理高效性和及时性的关键。建立清晰的维护响应流程图可以明确各个环节的责任和时间节点，不仅有助于快速识别问题来源，还能有效地协调不

同部门的协同工作。通过明确的流程图，维护团队能够迅速找到问题的责任人，并在最短时间内采取行动，减少因延误导致的损失。同时，流程设计也能帮助管理层进行有效的监督和控制，确保每一个维护请求都能得到及时响应和解决。

为了提高维护响应的效率，设定维护响应的优先级标准是必不可少的。根据故障影响程度和紧急程度，合理调配资源，确保关键问题能够优先处理。优先级的设定不仅可以优化资源使用，还能避免因资源分配不当而导致维护延误。通过对故障进行分类和分级，维护团队成员可以在有限的时间和资源下，最大化地解决最重要的问题，确保建筑工程的正常运行和使用。

信息化管理系统的引入，为维护响应流程的精细化设计提供了技术支持。通过实时记录维护请求和处理进度，实现信息共享和透明化，信息化管理系统能够提升团队成员的协作效率。信息化管理系统不仅可以记录和追踪每一个维护请求的处理状态，还能够提供历史数据分析，帮助管理者识别常见问题和瓶颈，从而制定更有效的维护策略。透明化的管理方式，增强了团队的责任感和协作性，确保了维护工作高效进行。

为了确保维护响应流程的持续改进，制定维护响应的绩效考核机制是必要的。通过定期评估响应时间和处理效果，可以激励团队成员不断提高维护服务质量。绩效考核机制不仅能识别出表现优异的团队成员，给予团队成员相应的奖励，还能指出需要改进的地方，为团队成员提供明确的改进方向。绩效考核机制的实施，有助于形成良性竞争，推动整个团队在维护响应效率和服务质量上的不断提升。

（二）故障处理机制的快速反应

在建筑工程的后期维护阶段，故障处理机制的快速反应是确保建筑物正常运作的重要环节。故障处理机制的快速反应不仅需要技术上的支持，还需要组织结构上的优化。建立一支具备多学科专业知识的故障处理团队是实现快速反应的基础。团队成员应包括具有结构工程、电气工程、机械工程等背景的专业人员，以便在故障发生时能够迅速进行诊断和解决。多学科专业人员的团队能够综合各方面的知识，提供全面的解决方案，避免单一学科视角带来的局限性，从而提高故障处理的效率和效果。

为确保故障处理团队能够高效运作，制定标准操作程序（SOP）是必不可少的。SOP 的制定需要考虑各种可能的故障情境，并为每种情境提供详细的处理步骤和注意事项。通过 SOP，团队成员可以在故障发生时迅速进入角色，按照既定流程进行操作，减少因个人经验差异导致的响应延迟。SOP 还可以作为培训新成员的重要工具，帮助新成员快速掌握故障处理的基本技能和流程，从而进一步提高团队的整体响应效率。

引入故障预警系统是建筑工程维护阶段的重要技术手段。通过实时监测设备的运行状态，预警系统能够及时发现潜在的故障隐患，并在故障发生之前采取预防措施。不仅减少了故障发生的频率，也降低了故障对建筑物正常运作的影响。预警系统的有效性依赖数据的准确性和分析的及时性，因此需要对监测设备进行定期校准和维护，确保系统的可靠性和稳定性。

优化故障处理记录和反馈机制是提升故障处理能力的关键步骤。通过详细记录每次故障处理的过程、采取的措施和最终结果，可以为未来的故障处理提供宝贵的经验和参考。反馈机制的建立有助于在故障处理后进行总结与分析，识别流程中的不足并进行改进。定期对故障处理记录进行审查和分析，不仅能提升团队的响应能力，还能为建筑物的整体维护策略提供数据支持，促进精细化管理的持续优化。

三、维护过程中安全与质量控制的实施

（一）维护安全管理的精细化

建立维护安全管理的标准操作规程是确保所有维护人员在执行任务时遵循统一的安全流程的基础。通过制定详细的操作规程，可以有效降低事

故发生率，规程涵盖了从进入维护现场到完成维护任务的每一个步骤，确保每个环节都有标准可循。标准操作规程不仅仅是书面的指引，更是实践中的行为准则，帮助维护人员在复杂的环境中保持高效和安全的工作状态。通过以上规程，管理层能够对维护活动进行更有效的监督和指导，确保安全管理的精细化实施。

定期开展安全培训和应急演练是提高维护团队对潜在风险的识别能力和应对能力的重要手段。在建筑工程的后期维护阶段，安全风险无处不在，维护团队必须具备足够的知识和技能来识别和处理这些风险。通过系统的安全培训，维护人员能够了解最新的安全管理理论和技术，掌握必要的安全操作技能。同时，应急演练提供了一个模拟真实场景的机会，使团队成员能够在无压力的环境下练习应对突发事件的反应能力。理论与实践相结合的培训方式，确保维护团队成员在突发情况下能够迅速反应，最大限度减少安全事故的发生。

设备和工器具的安全检查制度是维护安全管理的重要措施。为了避免因设备故障引发的安全事故，所有使用的设备必须符合严格的安全标准。定期的安全检查可以发现设备的潜在问题并及时进行修复或更换，确保设备始终处于良好的工作状态。此外，工器具的使用也需严格按照规定进行，确保其在使用过程中的安全性。通过实施严格的设备和工器具安全检查制度，维护团队能够有效减少因设备问题导致安全隐患，从而保障整个维护工作顺利进行。

引入安全管理信息系统是维护安全管理精细化的重要技术手段，通过这一系统，管理人员可以实时监控维护现场的安全状况，及时发现并处理安全隐患。安全管理信息系统能够整合来自不同来源的数据，提供全面的安全管理信息，使管理人员能够作出明智的决策。安全管理信息系统可以生成详细的安全报告，帮助管理层分析安全趋势，制定更有效的安全策略。此外，信息系统的使用提高了沟通效率，使安全信息能够在维护团队之间快速传递，确保所有团队成员都能及时了解现场的安全状况。通过这些措施，建筑工程的后期维护能够在确保安全的前提下高效进行。

（二）质量控制标准的严格执行

在建筑工程后期维护阶段，严格执行质量控制标准至关重要。这不仅关系建筑物的安全性和使用寿命，还直接影响用户的体验和满意度。

1. 建立严格的质量控制流程

建立严格的质量控制流程是确保每个维护环节按照既定标准执行的基础。通过明确的流程设计，维护团队能在操作中减少失误，避免质量问题的发生。每一个环节的质量控制都需要精确的步骤和明确的责任分配，以确保工作的高效性和一致性。质量控制流程不仅仅是对维护工作的指导，更是对建筑质量的承诺。

2. 制定详细的质量检验标准

质量检验标准应涵盖材料、工艺和设备的具体要求，以确保所有维护活动符合相关质量规范。材料的选择直接影响建筑物的耐用性和安全性，因此必须符合国家和行业标准。工艺的精细化要求施工人员具备高水平的技能和丰富的经验。设备的使用需满足技术规格和操作要求，以保障施工的顺利进行。通过详细的质量检验标准，维护工作得以在高标准下进行，确保建筑物的整体质量。

3. 实施定期的质量审核与评估

实施定期的质量审核与评估是维持质量标准的重要手段。通过定期检查，及时发现并纠正维护阶段出现的质量偏差，可以有效防止质量问题的累积和扩大。质量审核不仅仅是对现有工作的检验，更是对未来工作的指导。通过对审核结果的分析，可以总结经验教训，优化维护流程，提高团队成员的整体质量意识和技术水平。定期的质量审核机制是精细化管理的重要组成部分，确保维护工作始终处于受控状态。

4. 引入质量管理信息系统

引入质量管理信息系统是建筑维护阶段提升质量控制透明度和可追溯性的有效方法。通过质量管理信息系统，维护阶段的质量数据可以实时监控，管理者能够及时掌握质量状况并作出相应的调整。质量管理信息系统的应用不仅提高了数据的准确性和处理效率，还增强了质量管理的科学性和系统性。质量管理信息系统的使用使质量问题可以迅速得到定位和解决，从而大大提高了维护工作的效率和效果。在精细化管理框架下，信息技术的应用为质量控制提供了强有力的支持。

四、维护成本与资源的高效利用

（一）维护成本的精细化管理

在建筑工程的后期维护阶段，维护成本的精细化管理尤为重要。通过建立维护成本预算体系，可以确保维护费用的合理规划与控制，避免超支现象的发生。维护成本预算体系的建立需要考虑建筑工程的整体生命周期成本，并结合历史数据进行科学预测。精细化的预算管理不仅能有效控制成本，还能为决策者提供准确的数据支持，保障建筑物可持续发展。

实施维护成本数据分析是精细化管理的重要组成部分。通过定期对维护成本进行审计与评估，可以识别出成本控制的薄弱环节。数据分析能够揭示出隐藏的成本浪费问题，使管理者能够及时采取措施进行纠正，这一过程需要借助现代信息技术手段，建立完善的数据采集和分析系统，以实现对维护成本的精准把控。

引入供应链管理策略是优化维护所需材料与设备采购流程的有效方法。通过与供应商建立长期合作关系，企业可以在保证质量的前提下，降低采购成本并提高资源利用率。供应链管理策略的实施需要对市场进行深入调研，与多家供应商进行比价和谈判，确保采购的经济性和高效性。同时，合理的库存管理也能有效地降低持有成本，避免资源浪费。

建立维护绩效考核机制，将维护成本控制与团队绩效挂钩，是激励团队在维护过程中提高效率与降低成本的关键。绩效考核机制应明确各项指标的考核标准，并与员工的奖励制度相结合，形成良好的激励效应。通过定期的绩效评估，团队成员可以了解自身的工作表现，发现改进空间，从而在后续工作中不断地提高维护管理水平。

（二）资源配置的优化策略

通过建立资源需求预测模型，可以对历史数据和项目特点进行深入分析，从而准确地预测各类资源的需求量。这不仅能够确保资源配置的前瞻性，还能提高其有效性。预测模型的运用使资源的调配不再是被动的反应，而是基于科学分析的主动规划，能够有效地避免资源浪费和短缺的风险。在资源需求预测中，考虑项目的具体特点和历史数据的趋势分析，能够更好地匹配资源的供给和需求，确保项目在资源方面顺利推进。

为了进一步提高资源利用效率，动态资源调配机制的实施尤为重要。动态资源调配机制允许根据项目进展和实际需求，灵活调整资源配置不仅可以避免资源闲置，还能迅速响应项目的变化需求，防止资源短缺对项目进度造成的影响。动态调配机制的核心在于实时监控和快速响应，通过对资源使用情况的持续跟踪，能够及时调整策略，确保资源的最优利用。动态资源调配机制在实际应用中，能够显著提升项目的整体资源管理水平，确保工程维护工作高效进行。

信息化管理系统的引入为资源配置的优化提供了技术支持。通过实时监控资源使用情况，管理者可以及时发现和解决资源配置中的问题。信息化手段不仅提高了资源分配的透明度，还增强了管理的精细化程度。信息化管理系统能够提供全面的数据支持，使资源的调配和使用更加精准和高效。通过数据的实时分析和反馈，管理者可以迅速作出决策，优化资源的分配和使用，确保项目的顺利进行和资源的合理利用。

在资源配置优化中，资源共享与协作机制的制定同样不可或缺。通过鼓励不同项目和部门之间的资源共享，可以有效优化资源配置，降低整体维护成本。资源共享机制能够打破传统的资源界限，使资源的利用更加灵活和高效。通过建立资源共享平台，各项目和部门能够在资源需求上实现互补，减少资源的重复采购和闲置，提高资源的综合利用率。资源共享与协作机制不仅有助于节约成本，还能增强团队之间的协作和沟通，提升项目整体的执行效率和效果。

第四节　精细化管理对建筑工程全生命周期的影响

一、建筑工程设计与施工协同的效率提升

（一）设计与施工信息共享

在建筑工程的设计与施工阶段，信息共享是提升协同效率的关键。建立一个统一的信息平台，能够实现设计与施工团队之间的实时数据共享，确保各参与方获取最新的项目进展信息。信息共享不仅有助于减少信息滞后带来的误解和错误，还能提高项目的整体效率与质量。为了实现这一目标，制定信息共享标准化流程尤为重要。通过明确信息传递的责任人和时间节点，信息交流的效率与准确性能够得到显著提升。此外，信息化工具的应用使可视化管理成为可能。通过可视化手段，设计与施工团队可以直观了解项目进展，及时发现并解决潜在的问题，从而避免因信息不对称而导致项目延误或质量问题。

定期召开设计与施工协调会议是确保信息共享有效性的重要手段。协调会议为设计与施工团队提供了一个面对面沟通的平台，促进双方对项目需求和变更的及时交流，确保设计意图的准确传达。通过协调会议，设计与施工团队能够更好地理解彼此的需求和限制，从而在项目实施过程中更好协作。此外，建立反馈机制也是提高协同工作效率的重要措施。通过收集设计与施工过程中的问题和建议，可以持续优化信息共享方式与内容。这不仅有助于解决当前项目中的问题，还能为未来项目的实施提供宝贵的经验和教训。通过以上措施，建筑工程的设计与施工协同效率将得到显著提升，进而提高项目的整体成功率。

（二）协同工作流程优化

在建筑工程中，优化协同工作流程是提升设计与施工效率的关键。通过明确各阶段的责任与分工，可以确保任务的高效落实。传统的建筑工程中，设计与施工常常因为沟通不畅而导致效率低下，甚至影响项目进度。精细化管理强调在项目初期就明确各参与方的责任与分工，从而减少因职责不清导致推诿和延误。明确的责任与分工不仅有助于提高工作效率，还能在一定程度上提升项目的整体质量。

引入先进的项目管理工具是优化协同工作流程的重要手段。项目管理工具能够实现项目进度的实时更新，使设计与施工团队之间的协作更加高效。通过项目管理工具，团队成员可以随时获取最新的项目动态，从而及时调整工作计划，确保项目按时推进。此外，项目管理工具还可以提供数据支持，帮助管理层进行科学决策，提高项目管理的科学性与合理性。

设立定期的跨部门协调会议是解决设计变更与施工实际矛盾的重要措施。跨部门协调会议为各部门提供了一个沟通平台，使设计变更能够及时传递到施工团队，减少信息滞后带来的施工延误。在跨部门协调会议中，各部门可以就设计变更的可行性、施工的实际困难以及解决方案进行深入讨论，确保项目顺利推进。通过设立定期的跨部门协调会议，项目管理不仅变得更加透明，也提高了团队的协作效率。

制定标准化的设计变更流程是确保信息及时传递与反馈的关键。通过建立一套标准化的流程，设计变更的信息能够快速传达到相关人员手中，避免了因信息滞后导致施工延误。标准化流程不仅提高了信息传递的效率，还能在一定程度上减少因人为因素导致错误和遗漏，从而保障施工顺利进行。

二、建筑工程质量与安全保障能力的增强

（一）质量管理体系的完善

在建筑工程验收与维护阶段，精细化管理的核心在于质量管理体系不断完善。建立全面的质量管理标准是其中的关键步骤。通过制定统一质量控制规范，所有建筑工程活动得以在同一标准下进行，不仅提高了整体工程质量水平，还确保了工程的安全性和可靠性。标准化管理有助于减少施工过程中的随意性和不确定性，为建筑工程的长久使用奠定了坚实的基础。

为了确保质量管理体系的有效实施，必须开展系统的质量管理培训。通过对全体员工进行培训，不仅增强了员工对质量管理体系的理解，还提高了执行能力。质量管理培训不仅是对制度的讲解，还是对质量意识的普及。只有当每一位员工都具备强烈的质量意识，才能在具体的施工过程中贯彻精细化管理的理念，确保工程质量的稳步提升。

在施工过程中，引入先进的质量监测工具是精细化管理的重要组成部分。质量监测工具能够实时跟踪施工过程中的质量数据，使管理者能够及时发现并纠正潜在的质量问题。实时监测不仅提高了施工的透明度，还为工程质量的持续改进提供了数据支持。通过对施工过程的全面监控，能够有效防止质量问题积累，从而在源头上保障工程质量。

制定质量审核机制是确保施工现场质量符合设计标准与规范要求的必要手段。通过定期的质量检查，能够及时发现施工过程中存在的问题，并采取相应的纠正措施。质量审核机制不仅是对施工质量的检验，更是对施工团队的督促，促使其不断地改进施工工艺和流程，以达到更高的质量标准。

（二）安全管理措施的强化

在建筑工程中，建立安全管理责任制是首要任务，通过明确各级管理人员和施工人员的安全职责，确保安全管理工作能够落实到位。这不仅有助于厘清责任，避免推诿，还能形成一个严密的安全管理网络，确保每个环节都有人负责。有效的责任制要求各级人员具备高度的安全意识和责任感，才能在实际工作中真正做到防患于未然。

实施安全隐患排查机制是强化安全管理的关键措施。通过定期对施工现场进行全面的安全检查，可以及时发现并整改潜在的安全隐患。这一过程不仅需要细致的观察和专业的判断，还需对施工现场的变化保持高度敏感。排查机制的有效性在于其常态化和系统化，只有这样才能在复杂多变的施工环境中持续保障安全。

引入安全培训与教育制度，定期开展安全知识培训，能够显著提高全体员工的安全意识和应急处理能力。培训不仅是知识的传授，更是安全文化的建设。通过系统培训，员工能够掌握必要的安全知识和技能，增强对安全风险的识别和应对能力。同时，安全教育也有助于营造一种重视安全的氛围，使安全成为每个人的自觉行动。

制定应急预案是应对施工过程中可能出现的安全事故的重要手段。通过提前制定详细的应急处理流程，可以确保能够迅速有效地应对危急情况。应急预案的制定不仅需要考虑可能的事故类型和严重程度，还需明确各个应急环节的责任人和具体操作步骤，以保证在紧急情况下，各参与方能够迅速协调行动，最大限度地减少人员伤亡和财产损失。

（三）施工现场安全文化的建设

施工现场安全文化的建设在建筑工程中扮演着至关重要的角色。建立施工现场安全文化的核心价值观是确保安全第一理念的有效途径。通过强调安全第一，所有员工在日常工作中自觉遵守安全规范，形成一种自上而下的安全责任意识。安全文化不仅是管理层的要求，更是员工自我约束的表现。通过安全文化的建设，施工现场的安全性得到了显著提升，从而减少了安全事故的发生率，确保了工程的顺利施工。

为了提高全体员工对安全文化的认知和重视程度，施工现场通常会开展多种形式的安全文化宣传活动，包括海报展示、安全培训和安全会议等，旨在通过视觉和听觉的多重刺激，使安全理念深入人心。通过这些安全宣传活动，员工不仅了解了安全的重要性，还能掌握基本的安全知识和技能。安全知识的普及，有助于在潜移默化中提升员工的安全意识，使员工在工作中更加谨慎，进而减少安全隐患的发生。

同时，鼓励员工参与安全管理是施工现场安全文化建设的重要方面。通过设立安全委员会或安全小组，员工可以积极参与到安全管理中，提出安全建议和意见。参与机制不仅增强了员工的责任感和参与感，还为施工现场的安全管理提供了更多的思路和解决方案。员工的积极参与，使安全管理不再是单方面的行政命令，而是全体员工共同努力的结果，从而提高了安全管理的有效性和持续性。

定期组织安全文化活动，如安全知识竞赛和安全演练，也是施工现场安全文化建设的重要组成部分。安全文化活动不仅可以增强员工的安全意识，还能提高员工应对突发事件的能力。在安全知识竞赛中，员工可以通过竞赛的形式巩固安全知识，而安全演练为员工提供了一个模拟真实场景的机会，使员工在面对危险时能够更加沉着冷静，从而有效地减少安全事故损失。

三、建筑工程成本与资源管控水平的优化

（一）成本控制策略的精细化

在建筑工程的验收与维护阶段，成本控制策略的精细化是实现项目经济效益的关键。通过建立全面的成本预算体系，可以确保各项费用的合理规划与控制，避免超支现象的发生。预算体系不仅是一个财务工具，更是

项目管理的核心组成部分，能够在项目初期就设定明确的财务目标和限制，从而为后续的精细化管理提供坚实的基础。通过科学的预算编制，可以有效地预测和分配资源，确保各个环节的成本在可控范围内，降低财务风险。

在此基础上，实施定期的成本数据分析是提高资源利用效率的重要手段。通过分析成本数据，项目管理团队可以识别出成本控制中的薄弱环节，并及时调整策略。动态调整机制能够确保项目在不同阶段的资源配置始终处于最优状态，从而避免资源浪费和不必要的支出。定期分析还可以为未来项目提供数据支持，帮助管理者积累经验，优化成本控制策略，提高整体管理水平。

优化采购流程是降低项目成本的重要策略。通过集中采购和谈判策略，可以有效降低材料与设备的采购成本，这不仅需要与供应商建立良好的合作关系，还需要在采购阶段进行精细化的市场调研和成本分析，确保采购决策的科学性和经济性。集中采购可以利用规模效应降低单价，而谈判策略则可以通过灵活的合同条款获取更优惠的条件，从而显著提升项目的经济效益。

信息化管理系统的引入，为项目成本控制提供了技术支持。通过实时监控项目成本支出，确保各项费用的透明性和可追溯性，使管理者可以快速响应和调整。透明化的管理方式不仅提高了决策的效率，还增强了项目的财务管理能力，减少了人为因素导致的财务漏洞。信息化系统还可以为项目的长期维护和管理提供持续的数据支持，确保项目在全生命周期内的成本控制始终处于良好状态。

（二）资源配置效率的提升

在建筑工程施工过程中，建立资源配置的动态调整机制是必不可少的。通过根据项目进展和实际需求灵活调整资源，可以确保资源的高效利用。动态调整机制要求项目管理团队具备敏锐的判断力和灵活的应变能力，以便在资源需求发生变化时能够快速作出调整，避免资源浪费或短缺的情况发生。因此，动态调整机制不仅提升了资源配置效率，还增强了项目管理的灵活性和适应性。

实施资源需求预测模型是优化资源配置的关键步骤。通过分析历史数据和项目特点，项目管理者可以准确预测各类资源的需求量。资源需求预测能力使资源配置更加科学合理，减少了因资源计划不当而导致浪费和延误。资源需求预测模型的应用不仅需要技术支持，还需要管理者具备一定的数据分析能力，以便将理论模型转化为实际操作中的有效工具，从而实现资源的精准配置。

引入信息化管理系统是提升资源管理透明度与效率的重要手段。通过实时监控资源使用情况，项目管理者能够及时发现和解决资源配置中的问题。实时监控不仅提高了资源管理的透明度，还为管理者提供了及时的反馈信息，使资源配置能够更加精准和高效。信息化管理系统的应用要求项目管理团队具备一定的技术背景，以便能够熟练操作信息化管理系统并从中获取有价值的信息。

制定资源共享与协作机制是降低整体维护成本的重要策略。通过鼓励不同项目和部门之间的资源共享，可以提高资源的综合利用率。资源共享与协作机制不仅降低了资源的闲置率，还促进了各部门之间的协作与沟通。资源共享与协作机制的成功实施需要建立在信任和开放的基础上，各部门需要打破信息壁垒，积极配合，以实现资源的最优配置。

（三）施工过程中的资源节约

在建筑工程施工过程中，资源节约是精细化管理的核心目标之一。通过实施精细化的施工计划，合理安排施工工序，可以有效减少不必要的材料浪费和工时浪费。精细化的施工计划不仅需要对每一个施工环节进行详细的时间和资源分配，还需要根据实际情况进行动态调整，以确保资源最优使用。例如，在施工前期，通过精细化的计划制订和严格的过程控制，可以减少材料的过度采购和工时闲置，从而有效降低项目成本。

优化施工现场的物料管理是提高资源利用效率的重要手段。通过精确的材料采购计划，施工单位能够确保所需材料的及时供应，避免因材料短缺导致工期延误或因材料过剩导致资源浪费。此外，合理的库存管理可以降低库存成本和资源损耗，减少施工现场的资源使用混乱现象。采用信息化管理工具可以进一步提高材料管理的精确度，确保材料在施工中的高效使用。

采用可再生材料和环保技术是提升建筑工程可持续性的关键。通过选择低能耗、高效能的建筑材料，施工单位可以减少对自然资源的消耗。同时，应用环保技术，如雨水收集、太阳能利用等，可以降低工程对环境的影响。以上措施不仅符合现代建筑的绿色发展趋势，还能长远节约资源，提高工程的经济效益和社会效益。

定期进行施工过程的资源使用审计，是确保资源节约目标实现的有效手段。通过对施工过程全面审计，可以识别和分析资源浪费的环节，并制定针对性的改进措施。资源审计不仅有助于提高资源利用率，还有助于积累经验，优化后续项目的资源管理策略。通过持续的改进和优化，建筑工程的资源节约目标将更加切实可行，推动建筑行业可持续发展。

四、建筑工程使用寿命延长与维护成本降低

（一）使用寿命延长的关键因素

1. 建筑材料

建筑工程的使用寿命延长是精细化管理在建筑工程中的重要目标。建筑材料的选择与应用是延长建筑物使用寿命的关键因素之一。选择高性能、耐久性强的材料可以有效提高建筑的使用寿命。这不仅包括传统的混凝土和钢材的使用，还涉及新型材料的应用，如高强度复合材料和纳米材料等。以上材料在抗压、抗拉、耐腐蚀等方面表现优异，能够显著减少材料老化和损坏的速度，进而延长建筑的寿命。此外，材料的选择还需考虑其对环境的适应性，以确保在不同的气候条件下保持稳定的性能。

2. 施工工艺

施工工艺的优化是延长建筑物使用寿命的重要环节。通过科学合理的施工方法，可以有效地减少施工缺陷，提高结构的整体稳定性和耐久性。精细化管理强调在施工过程中严格控制每一个环节，从基础施工到结构封顶，每一步都需符合高标准的施工规范。采用先进的施工技术，如预制装配式建筑技术和智能建造技术，可以减少人为操作误差，确保施工质量的均匀性和一致性。此外，施工过程中的质量检测和控制也是关键，通过定期检查和评估，及时发现和纠正施工中的问题，确保建筑物结构的安全性和耐久性。

3. 维护与保养

定期的维护与保养是确保建筑物长久使用的关键因素。建立系统的维护计划，定期对建筑物进行检查和保养，能够及时处理潜在问题，防止小问题演变为大故障。精细化管理要求在建筑物使用阶段，制定详细的维护手册，明确维护的周期和具体内容。通过定期检查和维护，及早发现建筑物的结构性问题，如裂缝、渗漏等，并采取有效措施进行修复。此外，维护计划还应包括对建筑物设备和设施的检查，以确保其正常运转和使用。

4. 环境适应性设计

环境适应性设计是延长建筑物使用寿命的重要策略。在建筑物设计阶段，需充分考虑建筑物周围的环境因素，包括气候条件、地质条件等，以确保建筑物在不同环境下的耐久性与稳定性。精细化管理强调在设计过程中，采用科学的分析工具和方法，评估建筑物在不同环境条件下的性能表现。通过合理的结构设计和材料选择，增强建筑物对环境变化的适应能力，减少因环境因素导致结构损坏和性能退化。此外，环境适应性设计还需考虑建筑物的节能和环保性能，以实现可持续发展的目标。

5. 智能监测技术

智能监测技术的应用是现代建筑工程中延长建筑物使用寿命的重要手段。通过在建筑物中安装传感器和监控系统，可以实时监测建筑物的状态，及时发现并解决结构性问题。精细化管理强调利用先进的技术手段，获取建筑物的实时数据，通过数据分析和评估，判断建筑物的健康状态。智能监测系统能够对建筑物的变形、震动、温度等参数进行实时监控，当检测到异常时，及时发出警报并采取相应措施进行处理。通过智能监测技术，可以有效地减少因结构性问题导致建筑物损坏，延长建筑物的使用寿命。

（二）维护周期的优化与管理

在建筑工程全生命周期管理中，维护周期的优化与管理至关重要。维护周期的制定应当基于建筑物的实际使用情况和设备的运行状态，以确保维护工作的针对性和有效性，这一过程需要综合考虑建筑物的设计寿命、使用频率、环境条件等多方面因素，以便制订出科学合理的维护计划。通过对建筑物和设备的详细分析，可以识别出关键维护节点，从而避免不必要的维护工作，节约资源并提高效率。

引入智能监测技术是优化维护周期的关键手段。通过先进的传感器和物联网技术，实时监测建筑设备的运行状态，可以及时发现设备的潜在故障，并在问题扩大前进行处理。实时跟踪机制不仅能够防止设备故障的发生，还能有效延长建筑设备的使用寿命。此外，智能监测技术还可以提供翔实的数据支持，帮助管理人员作出科学的决策，进一步优化维护周期。

维护周期的动态调整机制是确保维护工作持续有效的重要保障。通过收集和分析历史数据和反馈信息，管理者可以定期评估维护效果，并根据实际情况调整维护计划。动态调整机制不仅提高了维护工作的灵活性，也增强了其针对性和适应性。通过不断优化维护计划，可以更好地适应建筑物的变化和需求，确保维护措施的有效实施。

制定维护周期的标准化流程是实现维护工作的规范性和一致性的重要手段。明确各类设备和系统的维护时间节点，有助于建立统一的维护标准，确保各项维护工作有序进行。维护周期标准化流程不仅提高了工作效率，还降低了因操作不当导致的风险。此外，标准化的维护流程可以作为培训和考核的依据，提高维护人员的专业水平和执行能力。

（三）维护成本降低的策略

维护成本的降低是建筑工程管理中至关重要的一部分，通过精细化管理策略的实施，可以有效地减少不必要的支出并提高经济效益。

1. 建立全面的维护成本监控系统

维护成本监控系统能够实时跟踪维护支出，确保各项费用的透明性和可追溯性。通过维护成本监控系统，管理者可以及时发现并纠正超支现象，从而避免不必要的财务风险。此外，透明的费用管理还可以增强各部门之间的信任与协作，促进更高效的运营管理。

2. 优化维护工作流程

通过制定标准化操作程序以及明确的责任分配，可以显著提高工作效率。标准化的流程不仅减少了因操作不当或流程不畅导致时间和资源浪费，还能确保维护工作的质量和一致性。责任分配的明确则使每位参与者都清楚自己的职责，从而避免重复劳动和资源的浪费。系统化的流程管理在提升效率的同时，也为成本控制提供了有力的支持。

3. 引入智能化管理工具

利用数据分析技术可以有效预测设备故障，从而实施预防性维护。前瞻性的管理方式能够显著降低突发故障带来的高额维修成本。通过对设备运行数据的分析，管理者能够提前识别潜在的风险，并采取必要的预防措施。这不仅提高了设备的可靠性和使用寿命，还减少了由于设备故障导致的停工时间和相关损失。

4. 加强与供应商的合作

通过实施集中采购策略，可以有效地降低材料和设备的采购成本。集中采购不仅能够获得更优惠的价格，还能保证材料和设备的质量一致性，从而提高整体维护的经济效益。与供应商建立长期稳定的合作关系，还可以在紧急情况下获得更快速的响应和支持，进一步保障维护工作的顺利进行。

五、建筑工程管理创新与转型升级的促进

（一）创新管理模式的引入

通过引入精益管理理念，建筑企业能够在资源配置和流程优化上取得显著进展。精益管理强调通过减少浪费来提高效率，这对于建筑工程的整体效率提升至关重要。资源配置的优化不仅能降低成本，还能提高项目的完成质量和速度。此外，精益管理的实施需要全员参与，全方位的参与有助于形成一种持续改进的企业文化，从而推动建筑工程管理不断创新。

采用项目管理信息系统（PMIS）可以显著提升建筑工程管理的科学性与准确性。PMIS 通过实现实时数据监控与分析，帮助管理者在项目的各个阶段作出更为科学的决策。系统化的管理方式不仅提高了信息的透明度，还能及时发现问题并进行调整，从而减少项目风险。通过数据驱动的决策过程，建筑工程管理能够更好地适应复杂多变的项目环境，提高项目的成功率和客户满意度。

全过程工程咨询模式的实施确保了建筑工程从设计到施工再到维护各个环节都有专业团队参与。全过程工程咨询模式强调各阶段无缝衔接，确保信息流畅和资源的最佳配置。通过与专业团队协作，项目的综合管理水平得以提升，不仅提高了项目的效率和质量，还能有效控制成本和工期。全方位的咨询服务模式在国际工程管理中得到广泛应用，显示出其在提升项目管理水平方面的巨大潜力。

推动智能化施工技术的应用是建筑工程管理创新的重要方面。通过无人机、传感器等技术手段，施工现场的实时监控与数据采集得以实现。智能化施工技术应用不仅提高了施工管理的精准度，还能在施工过程中及时发现和解决问题，减少施工风险。智能化施工技术的广泛应用，标志着建筑工程管理进入一个新的发展阶段，为未来的智能建筑和智慧城市建设奠定了基础。

（二）转型升级的关键驱动因素

在建筑工程管理领域，转型升级的关键驱动因素是行业变革和竞争力提升的助推力。

1. 数字化转型的推动

信息技术的迅猛发展使建筑企业能够利用先进的数字工具和平台，提升管理的效率与透明度。包括建筑信息模型（BIM）的应用，以及物联网、大数据分析等技术的整合应用，实现对工程项目的全方位监控和优化管理。通过数字化手段，建筑工程的各个环节都能实现精细化控制，从而提高项目的整体质量和效益。

2. 市场需求的变化

随着客户需求的多样化和个性化趋势，建筑企业必须不断适应新兴的客户需求和服务模式，要求企业在项目设计、施工和维护等各个阶段都能提供更为灵活和定制化的解决方案，以满足不同客户的特定需求。同时，市场对绿色建筑和可持续发展的关注，也促使企业在项目实施中更加注重环保和资源节约的实践。市场驱动的变化要求建筑企业在管理理念和实践上都进行创新和调整，以保持竞争优势。

3. 人才培养与引进

人才培养与引进是建筑工程管理转型升级的基础保障。随着管理模式和技术要求不断更新，建筑行业对专业技术人员的素质与能力提出了更高的要求。企业需要通过系统的培训和引进高素质人才，提升员工的专业技能和创新能力，以适应新的管理模式和技术要求。只有具备了高水平的人才队伍，企业才能在激烈的市场竞争中立于不败之地，并实现可持续发展。

4. 行业竞争的加剧

行业竞争的加剧促使建筑企业通过创新管理模式提升竞争力和市场占有率。在全球化和市场开放的背景下，建筑企业面临的竞争压力不断增大。为了在市场中占据有利地位，企业必须不断创新管理模式，优化内部流程，提高资源配置效率。这不仅包括技术和工艺的创新，还涉及组织结构和管理机制的调整。通过精细化管理，企业能够在降低成本的同时，提高服务质量和客户满意度，从而在激烈的市场竞争中脱颖而出。

第六章

精细化管理在建筑工程信息化建设中的应用

第一节　信息化技术在精细化管理中的作用

一、信息化技术对管理效率的提升

（一）管理流程自动化

管理流程自动化是信息化技术应用的核心之一，通过标准化流程确保各个环节按照统一的规范进行操作。标准化不仅提高了管理的效率，还减少了人为操作中的不确定因素。信息化系统能够实时监控项目进展，及时发现并解决管理中的问题，从而避免了由于信息滞后或不准确导致决策失误。自动化流程的引入大大减少了人工干预，在提高数据处理准确性的同时，提升了整体效率。

通过信息化平台，各部门之间的信息共享更加顺畅，减少信息孤岛现象的出现，确保信息的及时性和准确性。管理流程自动化促进了决策的快速响应能力，使项目管理更具灵活性和适应性，能够更好地应对复杂多变的施工环境和市场需求。以上优势使信息化技术成为建筑工程精细化管理中不可或缺的工具，为项目的成功实施提供了坚实的保障。

（二）信息共享与协同

在建筑工程的精细化管理中，信息共享与协同是提升管理效率的关键。信息共享使各参与方能够实时获取项目数据，极大地提高了决策的及时性和准确性。在传统的建筑工程管理中，信息传递的滞后常常导致决策延误和错误，通过信息化技术，各参与方可以及时掌握项目的最新进展，从而作出更为精准的判断和计划调整。此外，信息共享与协同工作平台的建立使不同专业团队能够高效沟通，减少误解和信息传递延迟。信息共享与协同不仅提高了工作效率，也减少了因信息不对称而导致的项目风险。

信息共享与协同的一个重要作用在于实现资源的最优配置。通过信息化系统，各参与方能够全面了解资源的使用情况，从而避免重复投资和资源浪费。项目资源在不同阶段的需求各异，信息共享与协同确保了资源分配的合理性和有效性，进而提高了项目的整体效益。信息化系统的应用使项目各阶段的进展和问题能够被透明化，增强了责任意识和团队合作精神。透明的信息流动不仅提高了团队内部的协作效率，也增强了各参与方的责任感和使命感。

实时数据分析工具的应用是信息共享与协同的进一步深化。实时数据分析工具使项目管理者能够快速识别潜在风险，并及时调整项目策略。通过对实时数据的分析，管理者可以预见问题的可能性，提前采取措施加以防范，从而降低项目风险。前瞻性管理策略的实施，不仅提高了项目的安全性和可靠性，也为项目的顺利推进提供了保障。信息化技术的应用，不仅在提升管理效率方面发挥了重要作用，也为建筑工程的精细化管理注入了新的活力。

（三）决策速度提升

在建筑工程的精细化管理中，信息化技术显著提升了决策速度。信息化系统通过支持数据驱动的决策，减少了对主观判断的依赖，确保了决策的科学性和准确性。技术优势使得管理者能够在复杂的工程项目中更加高效地开展工作。实时信息更新功能是信息化系统的一大亮点，它使管理者能够迅速获取最新的项目状态。实时性的信息流动，允许管理者及时调整策略，以应对项目进展中的各种变化，确保工程顺利进行。

信息化技术通过数据分析工具，使管理者能够快速识别关键指标和趋势，不仅提升了决策的精准性，还使管理者能够预见潜在的问题和机遇，从而做出更为明智的决策。信息化平台的可视化功能进一步帮助管理者直观地理解复杂的数据结构。通过将数据转化为易于理解的图表和图形，管理者能够更快地掌握项目的全貌，作出基于全面信息的决策。

信息化技术的自动化报告生成功能减少了决策准备时间，使管理者能够将更多的精力集中在战略性思考和规划上，而不是耗费时间在数据整理和报告编写上。通过自动化生成的报告，管理者可以快速获取所需的信息，支持其在紧迫的时间框架内进行有效的决策。决策效率的提升，不仅优化了决策过程，还为建筑工程的整体管理带来了显著的效益。

二、信息化技术在数据整合与分析中的应用

（一）数据采集与存储

在建筑工程的精细化管理中，数据采集与存储是信息化技术应用的基础环节。数据采集技术的多样性使建筑项目能够实现全面的信息覆盖。通过使用传感器、无人机和移动设备等先进技术，施工现场的各类信息得以高效采集。先进技术的应用不仅提高了数据获取的速度和精度，还扩展了数据采集的范围，涵盖了从环境监测到人员定位的多方面内容。全面的数据采集能力，为建筑工程的精细化管理提供了坚实的基础。

数据存储解决方案的选择在信息化管理中至关重要。云存储与本地存储各有其优缺点，建筑工程需要根据项目特点进行合理选择。云存储具有高可扩展性和便捷的访问性，适合需要频繁更新和共享的项目数据；而本地存储则在数据安全性和访问速度上具有优势，适合对数据安全性要求较

高的项目。通过合理选择和组合的存储方式，可以确保数据的安全性和可访问性，满足不同项目的需求。

数据采集的实时性是信息化技术在精细化管理中的一大优势。实时数据采集能够保证项目进展的动态监控，及时反映现场的变化和问题。实时监控能力不仅提高了项目的响应速度，还能在问题发生的早期阶段进行干预，减少因信息滞后导致损失和风险。这对于大型复杂的建筑工程尤为重要，实时数据采集为项目的顺利推进提供了有力支持。

数据格式的统一性是实现数据有效整合的关键。不同来源的数据往往格式不一，统一数据格式可以确保数据在整合和分析过程中不出现信息丢失或误解。标准化的数据格式不仅有助于提高数据分析的准确性，还能简化数据处理流程，便于后续的使用和决策。

（二）数据分析工具应用

在建筑工程精细化管理中，数据分析工具的应用已成为不可或缺的一环。数据分析工具通过其强大的图形化界面，将原本复杂的数据以直观的方式呈现出来，使管理者能够快速获取项目的进展情况和识别潜在的问题。可视化的处理方式不仅提升了数据的可理解性，还加快了管理者对项目状况的掌握速度，从而提高了决策的效率和准确性。在建筑工程中，项目管理的复杂性不断增加，数据分析工具的应用为管理者提供了更为清晰的视角，帮助管理者在繁杂的数据中厘清头绪，作出更为明智的决策。

数据分析工具不仅仅是数据的呈现者，更是异常模式的识别者。通过引入机器学习算法，数据分析工具能够在海量数据中识别出不寻常的模式，并将其作为潜在风险进行提前预警，使管理者能够在问题发生之前就采取相应的措施，降低风险对项目的影响。此外，通过对历史数据分析，机器学习算法还能为管理者提供更为精准的预测，帮助管理者在项目的各个阶段进行风险评估和管理。前瞻性管理方式，使建筑工程精细化管理更具主动性和预见性。

模拟分析是数据分析工具的重要功能，通过对不同决策方案的模拟，管理者能够预测不同决策方案对项目结果的影响，支持了优化决策过程，使管理者能够在多种方案中选择最优路径，最大化实现项目的成功概率。模拟分析不仅提升了决策的科学性和合理性，还为管理者提供了一个安全的试验场，可以在不影响实际项目进程的情况下，预先评估决策的效果。基于数据驱动的决策方式，正在逐步改变传统的建筑工程管理模式。

数据分析工具通过集成多种数据源，为项目提供了全景视图。全局视角帮助管理者全面把握项目的状况和发展趋势，使管理者能够在更高层次上进行决策。整合性的分析方式，不仅提升了数据的价值，还为精细化管理提供了更为坚实的基础。通过对项目全局的掌控，管理者能够更好地协调各个环节的工作，确保项目按照预期的目标顺利推进。数据分析工具的应用，推动建筑工程管理向更高效、更科学的方向发展。

（三）数据可视化技术

数据可视化技术通过将复杂的数据以图表和图形的形式呈现，使管理者能够快速、准确地理解和分析信息。通过直观的方式，管理者可以及时掌握项目的动态变化，识别出潜在的问题和风险，从而采取及时有效的措施。数据可视化技术不仅提升了信息传递的效率，还增强了项目管理的透明度，使各级管理人员能够在统一的视图下进行沟通和决策。

实时数据可视化工具的应用是建筑工程中数据可视化技术的一个重要方面，能够动态展示项目的进度、资源使用情况以及潜在的风险点。借助实时数据可视化工具，管理者可以实时监控项目的各个方面，及时发现并解决问题，从而有效地控制项目的进展。实时监控能力不仅提高了项目的管理效率，还为项目的顺利实施提供了有力支持，确保项目按时、按预算完成。

数据可视化技术支持多维数据的展示，使管理者能够从不同的角度对项目状况进行分析。多维度的分析方式有助于全面了解项目的实际情况，促进更为全面和深入的决策。通过不同维度数据的交叉分析，管理者可以发现隐藏在数据背后的趋势和规律，从而制定更为科学和合理的管理策略，提高项目的整体管理水平。

数据可视化工具的交互性是显著特点之一。交互性使管理者能够根据需要动态调整视图，深入探索数据背后的趋势和关联。灵活的分析方式，不仅能够帮助管理者更好地理解数据，还能够为管理者提供多种决策方案的支持，提升决策的灵活性和准确性。交互式的数据可视化工具，为建筑工程的精细化管理提供了强大的技术支持。

三、信息化技术对施工过程监控的增强

（一）实时监控系统

通过传感器和摄像头，实时监控系统能够实时收集施工现场的多维数据，确保项目进展的动态跟踪。实时性的数据采集使管理者能够在第一时间掌握施工现场的实际情况，减少信息滞后带来的决策风险。施工现场的复杂性和不可预测性要求管理者具备快速响应的能力，而实时监控系统的应用为此提供了坚实的技术支持。

实时监控系统不仅限于数据采集，还能通过数据处理和分析自动生成施工进度报告，为管理者提供了详尽的项目进展信息，使管理者能够及时了解各项工作的完成情况，提升管理效率。项目进度报告的自动化生成减少了人为操作的误差，确保信息的准确性和及时性，为决策提供了可靠的依据。此外，项目进度报告还能用于历史数据的积累和分析，为未来项目的规划和实施提供参考。

在安全管理方面，实时监控系统发挥着不可替代的作用。实时监控系统支持对施工环境的安全监测，通过传感器和摄像头的协同工作，能够及时发现潜在的安全隐患。施工现场的安全管理一直是工程管理中的重点和难点，实时监控系统的应用有效提升了安全管理的水平。通过对安全隐患的及时预警，施工人员的安全得到了更好的保障，降低了安全事故的发生概率。

实时监控系统的移动访问功能显著增强了项目管理的灵活性和响应能力。管理者可以通过移动设备随时随地访问实时数据，不再受限于固定的办公场所。灵活性使管理者能够在任何时间和地点作出快速、准确的决策，适应建筑工程管理对高效性和灵活性的要求。实时监控系统的应用不仅提高了施工过程的透明度，也为管理者提供了更大的操作空间。

（二）施工进度跟踪

施工进度跟踪在建筑工程管理中扮演着至关重要的角色，其不仅仅是对施工过程的简单记录，更是对项目整体健康状况的实时反映。施工进度跟踪的实时数据更新机制至关重要，其确保管理者能够随时获取最新的施工状态信息，从而在动态环境中作出及时且准确的决策。通过实时数据更新机制，管理者可以在第一时间识别出施工中的潜在问题。例如，进度延误或资源浪费，从而采取相应的措施进行调整。实时数据的获取与分析，使施工项目的管理变得更加科学和有效。

施工进度跟踪通过定期生成进度报告，帮助项目团队识别和解决施工中的延误问题。定期生成进度报告不仅提供了当前的进度信息，还包括对未来施工阶段的预测和风险评估。定期生成进度报告机制使施工团队能够提前识别可能导致进度延误的因素，并制订相应的解决方案，从而保证项目按计划推进。此外，进度报告的定期生成也为项目的利益相关者提供了清晰的项目状态概览，增强了项目透明度和信任度。

施工进度跟踪与资源配置的动态调整相结合，能够显著优化人力和物力的使用效率。在施工过程中，资源配置的合理性直接影响项目的进度和成本。通过实时进度跟踪数据，管理者可以对资源进行动态调整，避免资源闲置或浪费。例如，当某一施工环节出现延误时，管理者可以及时调整其他环节的资源配置，以保证整体施工进度顺利进行。动态调整机制不仅提高了资源的使用效率，还为项目的顺利完成提供了坚实的保障。

利用移动设备进行现场进度跟踪，极大地提升了管理者的现场反应能力和决策速度。在建筑工程中，施工现场的环境复杂多变，管理者需要快速响应各种突发情况。通过移动设备，管理者可以随时随地获取施工现场的最新进度信息，并与现场人员进行实时沟通。便捷的沟通方式不仅提高了管理者的反应速度，还增强了施工团队成员的协作能力，使施工现场的管理变得更加高效和灵活。

（三）异常情况预警

实时数据监测系统的应用使施工现场的异常情况能够被迅速识别。例如，当材料短缺或设备故障发生时，系统会及时发出预警通知。实时监测能力依托于先进的传感器和监控设备，能够持续分析施工环境的各种变化，包括温度、湿度等关键参数，从而确保施工条件的安全性和稳定性。通过实时数据监测系统，施工管理者能够在问题发生初期就采取必要的措施，避免潜在风险的扩大。

异常情况预警机制的智能化体现在其对历史数据和实时数据的综合分析能力上。异常情况预警系统能够基于大量的历史数据，结合当前的实时数据，进行智能分析，从而预测可能出现的风险。异常情况预测能力使管理者可以提前采取措施，减少施工过程中可能出现的安全隐患或资源浪费。此外，异常情况预警系统支持多级预警机制，不同级别的异常情况会触发不同的响应流程，确保管理者能够迅速而有效地应对各种突发状况。

数据可视化技术的应用为异常情况预警功能增添了新的维度。通过将潜在风险以直观的方式展示给管理者，帮助管理者作出快速而准确的决策。可视化技术不仅提高了信息传递的效率，还增强了管理者对现场情况的整体把控能力。在复杂的施工环境中，信息化技术通过数据可视化为精细化管理提供了强有力的支持，确保工程顺利进行和高效完成。

四、信息化技术对质量与安全管理的支持

（一）质量检测信息化

在建筑工程中，质量检测信息化通过传感器和监控设备实时收集施工

现场的质量数据，质量数据的实时性和准确性确保了施工质量的动态监控。传统的质量检测往往依赖人工的经验判断和抽样检测，而信息化技术的应用突破了这一限制，使质量检测更加全面和细致。通过传感器的广泛布置，施工过程中任何细微的质量变化都能被及时捕捉并记录，从而为后续的质量管理提供了坚实的数据基础。

信息化技术的应用不仅提高了数据收集的效率，还使质量检测流程得以标准化。标准化的质量检测流程确保了检测结果的一致性和可靠性，避免了因人为因素导致的检测误差。通过信息化系统，检测人员能够按照预定的标准和流程进行操作，减少了操作中的随意性。同时，系统化的流程管理也便于对检测过程进行追溯和审查，确保每一个步骤都符合质量管理的要求。标准化的管理模式为建筑工程的质量控制提供了有力支持。

质量检测信息化系统能够自动生成质量报告，这一功能大大提高了管理的效率。自动生成的报告不仅节省了人力资源，还能帮助管理者及时识别和解决质量问题。通过对检测数据的分析，管理者能够迅速掌握施工现场的质量状况，并根据报告中提供的信息做出决策。高效的管理方式不仅缩短了问题解决的时间，还提高了施工的整体质量水平。

通过数据分析，质量检测信息化系统能够识别潜在的质量风险，并提供预警功能。预警功能是基于对历史数据和当前数据的综合分析，能够在问题发生之前发出警报，从而减少返工和损失。对管理者来说，预警机制提供了一种主动管理工具，使施工过程中的不确定性大大降低。通过及时的风险识别和预警，管理者能够在问题扩大之前采取措施，确保施工顺利进行。

此外，信息化技术的可视化功能使质量检测结果可以直观展示。通过图表、模型等可视化手段，复杂的质量数据被转化为易于理解的信息，帮助管理者快速理解质量状况。可视化的展示不仅提高了信息传递的效率，还促进了不同部门之间的沟通与协作。管理者可以通过直观的图像和数据展示，快速判断施工质量的优劣，并与施工团队一起制定改进措施。直观的管理方式，为建筑工程的精细化管理提供了新的视角和工具。

（二）安全隐患识别

随着信息化技术的不断发展，安全隐患识别系统通过实时数据监测，能够自动识别施工现场的潜在安全隐患，如滑坡、坍塌等，确保了及时预警，极大地提高了施工现场的安全系数。通过对施工现场环境的实时监测，安全隐患识别系统能够在第一时间发现不利于施工安全的因素，从而为管理者提供充足的时间进行干预和处理。

在安全隐患识别过程中，传感器技术的应用尤为关键。传感器可以精确监测施工现场的温度、湿度等环境条件的变化。通过以上数据的自动检测，系统能够有效防止因环境因素导致的安全事故。例如，在高温或高湿环境下，系统可以提前预警，提醒施工人员采取相应的防护措施，从而降低安全事故的发生概率。传感器技术的应用不仅提高了施工现场的安全性，也为工程的顺利进行提供了保障。

数据分析在安全隐患识别中发挥着重要作用。通过对历史事故数据的学习，系统能够预测可能的风险点，并提前制定应对措施。基于数据的预测能力，使安全管理从被动应对转变为主动预防。管理者可以根据系统提供的风险预测，提前部署资源和人员，制定详细的应急预案，以应对可能出现的安全挑战，不仅提高了施工现场的安全管理水平，也为未来的安全管理提供了宝贵的经验和数据支持。

此外，安全隐患识别系统集成了多级预警机制。根据不同类型的安全隐患，安全隐患识别系统会触发相应的响应流程，确保管理者能够迅速应对各种突发情况。通过多级预警机制，管理者可以根据预警信息，快速组织人员进行现场检查和处理，最大限度降低安全事故发生的风险。预警机制的应用，使安全管理更加系统化和高效化，为建筑工程的顺利推进提供了有力支持。

（三）施工现场安全监控

施工现场安全监控是建筑工程中确保施工人员安全和施工环境安全的

重要手段。施工现场安全监控系统通过实时视频监控技术，能够全面覆盖施工区域，确保施工人员的安全。通过实时监控，管理者可以及时发现并处理潜在的安全隐患，降低安全事故发生的概率，不仅提高了施工现场的安全性，还为施工管理者提供了有力的安全保障手段，确保施工活动在安全可控的环境中进行。

安全监控系统集成了先进的环境监测传感器，环境监测传感器能够实时检测施工现场的温度、湿度和气体浓度等环境参数。通过对环境参数的实时监测，安全监控系统可以确保施工环境的安全性，避免因环境因素引发的安全事故。多维度的监测方式不仅提升了安全监控的精确性，还为施工现场的安全管理提供了科学的数据支持，帮助管理者更好地掌控施工现场的安全动态。

通过数据分析，施工现场安全监控系统能够识别施工过程中可能出现的安全风险，并提供相应的预警信息。安全监控系统通过对历史数据和实时数据的分析，能够提前预测可能出现的安全问题，并及时向管理者发出预警。数据驱动的安全监控方式，帮助管理者在事故发生前采取措施，降低安全风险。前瞻性的安全管理方式，不仅提高了施工现场的安全水平，还为施工项目的顺利进行提供了坚实的保障。

施工现场安全监控系统支持移动端访问，使管理者可以随时随地获取现场安全信息，灵活的访问方式，大大提升了管理者的应急响应能力。在发生突发事件时，管理者可以迅速获取现场的实时信息，并及时做出应对决策。便捷的访问方式，不仅提高了安全管理的效率，还增强了施工现场的安全应对能力，为施工项目的安全管理提供了强有力的技术支持。

五、信息化技术在成本控制与资源优化中的作用

（一）成本核算系统

成本核算系统在建筑工程中扮演着至关重要的角色，通过实时数据采

集，确保施工成本的动态监控与准确核算。成本核算系统能够自动获取施工现场的各种成本数据，从而实现对成本的实时掌控，使管理者可以在第一时间发现成本偏差，及时进行调整，以避免不必要的浪费和超支。通过对施工过程中的每一个环节进行细致的成本监控，成本核算系统为工程项目的经济效益提供了有力的保障。

成本核算系统具备自动生成各类成本报告的功能，对于管理者来说是一个极大的便利。通过成本报告，管理者可以清晰地识别和分析成本变化，从而作出更加明智的决策。成本核算系统生成的报告不仅仅是数据的简单罗列，而是通过数据分析技术，将复杂的数据转化为直观的信息，为管理者提供全面的成本洞察，使管理者能够快速反应，制定有效的成本控制策略，以确保项目的经济效益最大化。

成本核算系统支持多维度分析，允许管理者从不同角度评估项目的经济效益。多维度分析功能，使管理者可以从时间、空间、资源等多个维度对项目进行全面评估。通过对不同维度数据的交叉分析，管理者能够更深入地理解项目的成本结构，识别出潜在的节约空间和优化机会。全方位的分析能力，为工程项目的精细化管理提供了强有力的支持。

成本核算系统提供历史数据对比分析功能，帮助管理者识别成本控制的趋势与潜在问题。通过对历史数据的深入分析，管理者可以发现长期的成本变化趋势，从而预测未来的成本走向。趋势分析能力，使管理者能够提前识别潜在的成本问题，并制定相应的预防措施。历史数据对比分析，不仅提高了成本控制的准确性，也为项目的长期经济效益提供了有力保障。

（二）预算执行监控

预算执行监控系统能够实时跟踪项目支出情况，确保各项费用在预算范围内，及时发现偏差。实时监控不仅提高了预算管理的精确度，还能通过数据的透明化，增强管理层对项目资金流动的掌控能力。预算执行监控系统通过自动化的方式，将复杂的财务数据转化为易于理解的报告形式，帮助管理者快速了解预算使用情况，管理者可以在第一时间识别出潜在的资金问题，便于进行及时调整和战略决策，确保项目的财务健康。

预算执行监控系统的一个显著优势在于其与项目进度的紧密结合。通过实时数据分析，预算执行监控系统能够确保支出与工程进度相匹配，避免资金浪费。预算执行监控系统与项目进度的结合不仅提高了资金使用效率，还能在一定程度上加速项目的推进。通过对实时数据的分析，管理者可以更好地协调资源，优化项目的整体运行效率。此外，系统的预算预警机制在支出接近预算上限时，自动提醒管理者采取措施，防止超支。预警机制不仅提高了预算控制的敏捷性，还能有效地降低项目超支风险。

历史数据分析是预算执行监控系统的一大亮点，支持识别过去项目的成本趋势，为未来预算制定提供参考依据。通过对历史数据的深入分析，管理者可以识别出项目中反复出现的成本问题，并采取针对性的措施加以改进。数据驱动的决策方式，不仅提高了预算制定的科学性，还能在一定程度上提升项目的经济效益。通过不断地积累和分析历史数据，企业可以逐步建立起一套完善的预算管理体系，为未来的项目管理提供坚实的基础和保障。

（三）资源配置优化

在建筑工程中，资源配置优化是提高项目效率和降低成本的关键环节。信息化技术通过数据分析工具实现对人力、物力和财力的动态调整，动态调整不仅能提高资源使用效率，还能确保资源在项目的不同阶段得到合理配置。通过精确的数据分析，管理者可以预测资源需求，避免资源浪费或短缺，从而实现资源的最优配置。信息化技术的应用使得资源配置不再是静态的，而是随着项目的进展不断优化调整。

信息化技术的一个重要应用是利用实时监控系统获取施工现场的实时数据。实时数据为管理者提供了一手信息，使其能够根据现场情况及时调整资源配置，提升项目执行的灵活性。实时监控系统不仅提高了资源管理的效率，还增强了项目的响应能力和适应性，确保项目能够按时、按质完成。此外，信息化技术通过集成各类资源管理模块，实现对设备、材料和人力资源的全面管理，优化整体资源配置方案。集成管理方式使各类资源的调配更加科学合理，减少了资源闲置和浪费。

为了进一步提高资源利用率，信息化技术还支持建立资源共享平台。资源共享平台促进了不同项目之间的资源互通与共享，提高了资源的利用效率，降低了项目的整体成本。资源共享平台的建立打破了项目之间的资源壁垒，使资源可以在多个项目之间灵活调配，最大化其使用价值。共享机制不仅降低了单个项目的资源投入，还通过规模效应实现了整体成本的降低。信息化技术在资源配置优化中的应用，不仅提升了建筑工程的管理水平，还为行业的可持续发展提供了新的动力。

第二节　BIM 技术在精细化管理中的应用

一、BIM 技术在建筑设计阶段的精细化应用

（一）设计方案优化

BIM 技术在建筑设计阶段的应用，极大地提升了设计方案的精细化水平。通过三维建模，BIM 技术使设计方案的可视化成为可能，设计团队能够更直观地理解建筑构造和空间关系。可视化不仅增强了设计的直观性，还为各参与方提供了一个清晰的沟通平台，减少了因理解偏差而导致设计变更。此外，BIM 技术的碰撞检测功能在设计阶段尤为重要，能够提前识别设计中的潜在冲突，从而大幅降低后期修改的成本和风险。通过 BIM 技术的碰撞检测功能，设计团队可以在施工前解决可能的设计问题，确保施工顺利进行。

BIM 技术还支持设计参数的动态调整，这一特性使设计师能够实时评估不同设计方案的性能和可行性。在设计过程中，设计师可以根据项目需

求和环境条件，快速调整设计方案的参数，从而找到最优的设计解决方案。动态调整不仅提高了设计的灵活性，也使设计过程更加高效和精确。与此同时，BIM 技术的协同设计功能为各专业团队提供了一个共同优化设计的平台。不同专业的设计团队可以在同一平台上进行协作，实时共享设计信息，确保设计的整体协调性和一致性。

此外，BIM 技术提供了设计方案的可持续性分析工具，帮助设计师在设计方案中综合考虑节能环保和资源利用的优化。通过对设计方案进行可持续性分析，设计师能够在早期阶段识别出方案中的节能潜力和资源利用效率，从而在设计中融入更多的可持续发展理念。可持续性分析不仅提升了建筑设计的环境友好性，也为项目的长期可持续发展奠定了基础。总之，BIM 技术在设计方案优化中的应用，不仅提高了设计的精细化程度，还推动了建筑设计的创新和可持续发展。

（二）参数化设计支持

参数化设计在建筑信息建模（BIM）技术中扮演着至关重要的角色，通过定义设计规则和约束条件，使设计师能够迅速生成多种设计方案，从而显著提升设计效率，不仅加快了设计过程，还为设计师提供了一个灵活的工作环境，使设计师能够探索多种可能性并快速响应设计需求的变化。在建筑设计阶段，参数化设计的应用为设计师带来了前所未有的自由度和创造力。

通过参数化设计，设计师可以在数字模型中实时调整参数，观察参数变化如何影响整体设计效果。实时反馈机制不仅提高了设计的灵活性，还允许设计团队成员在设计的早期阶段就对不同的设计选择进行评估和优化。设计师可以通过调整参数来测试不同的设计方案，从而找到最符合项目需求的解决方案。动态的设计过程使建筑设计更加适应不断变化的项目要求和环境条件。

参数化设计支持多维度的性能分析，使设计师能够在设计过程中评估建筑的结构、安全性和可持续性。通过多维度的性能分析，设计团队可以在设计阶段就识别出潜在的问题和优化机会，从而提高建筑的整体性能和质量。性能分析的结果不仅为设计决策提供了科学依据，还帮助设计师在项目早期阶段就能做出更明智的设计选择。基于数据的设计方法显著提高了建筑设计的精确性和可靠性。

参数化设计促进了设计数据的可追溯性，使设计变更和决策过程能够被记录和分析，从而提升项目管理的透明度。每一个设计决策和变更都可以在模型中被追踪和记录，为项目管理提供清晰的历史记录。透明度不仅有助于项目的顺利推进，还为后续的项目审计和评估提供了重要的依据。通过参数化设计，建筑工程项目的管理更加透明和高效。

（三）设计变更管理

设计变更管理在建筑工程中至关重要，直接影响项目的成功与否。通过设计变更管理的流程标准化，能够确保变更请求的提交、审核和实施按照统一流程进行。标准化流程通过信息化系统得以实现，有效地减少人为错误和延误。标准化的流程不仅提高了工作效率，还为项目的顺利推进提供了保障。信息化系统的应用使设计变更的每一个环节都清晰可见，从而为项目管理者提供了更高的透明度和可控性。

实时跟踪设计变更的影响是BIM技术的优势之一。利用BIM技术，管理者可以分析设计变更对项目成本、进度和质量的潜在影响。实时分析能力支持管理者作出更加科学的决策，避免因变更而产生的负面影响。通过对设计变更影响的实时追踪，项目管理者能够及时调整项目计划，确保项目在预算和时间范围内顺利完成，这种能力在建筑工程中尤为重要，尤其是在大型复杂项目中，实时数据的获取和分析是成功的关键。

变更记录与追溯机制是设计变更管理中不可或缺的一部分。确保所有设计变更都被详细记录，不仅便于后续的审计和分析，也提升了项目的透明度和责任感。变更记录与追溯机制使每一个变更都有据可查，任何问题都能追溯到其源头。详细的变更记录为项目的长远发展提供了数据支持，也为未来类似项目的变更管理提供了宝贵的经验。透明的管理方式有助于增强各参与方对项目的信任和合作。

多方协作的变更管理平台在设计变更管理中发挥着重要作用。BIM 技术促进了设计团队、施工方和客户之间的信息共享与沟通，提高了变更处理的效率和准确性。通过多方协作的变更管理平台，各参与方可以及时获取最新的变更信息，减少因信息不对称导致的误解和冲突。多方协作的变更管理平台不仅提高了变更管理的效率，也增强了各参与方的合作关系，为项目的成功奠定了基础。

变更后的设计文档自动更新是 BIM 技术在设计变更管理中的重要应用。利用 BIM 技术，确保所有相关文档和模型在设计变更后及时同步，避免信息滞后导致施工问题。自动更新机制使得所有参与方都能在第一时间获得最新的设计信息，确保施工按最新设计进行。自动更新机制不仅提高了施工的准确性，也减少了因信息不一致导致项目返工和资源浪费，为项目的顺利实施提供了有力的支持。

二、BIM 技术在建筑施工阶段的协同管理

（一）施工进度协调

施工进度协调在建筑工程中至关重要，尤其在现代复杂项目中，BIM 技术的应用尤为突出。BIM 技术通过实时更新施工进度信息，确保各参与方能够及时获取最新的进度数据，减少信息滞后导致协调困难。实时更新功能不仅提高了信息的准确性和及时性，还增强了各参与方对项目进展的掌控力。通过 BIM 系统，各项目参与者可以在同一平台上查看和更新进度信息，从而减少了沟通中的误解和信息不对称现象，促进了项目顺利推进。

BIM 模型的可视化功能为施工进度协调提供了强有力的支持。各专业团队可以通过直观的三维模型了解施工进展，识别出各个施工环节的状态。可视化的表达方式，使跨部门的沟通更加有效，减少了因信息不对称

导致协调困难。此外，BIM 技术还支持施工进度的动态调整，管理者可以根据实时数据分析，灵活调整资源配置和施工计划，以应对进度变化。灵活性在应对不可预见的施工挑战时尤为重要，能够显著提高项目的适应能力和响应速度。

利用 BIM 技术进行施工进度的模拟，是施工管理中的一项重要创新。通过施工进度模拟，管理者可以提前识别潜在的瓶颈和延误，帮助管理者制定预防措施，优化施工流程，预测和预防的能力，使项目管理者能够在问题发生之前采取行动，从而降低风险和成本损失。BIM 平台的协同功能也使得施工进度的协调工作能够在同一平台上进行，提升了信息共享的效率，减少了误解和冲突，不仅提高了团队的协作效率，还增强了项目的整体可控性和透明度。通过这种方式，BIM 技术为施工进度协调提供了一个高效、透明和可控的管理环境。

（二）资源调配优化

通过强大的数据处理能力，BIM 技术实现了对施工资源的实时监控，确保人力、物力和财力的动态调配。实时监控不仅提高了资源的使用效率，还为施工管理提供了科学依据。随着建筑工程的复杂性增加，资源调配的优化尤为重要。BIM 技术通过集成化平台，将各类资源信息实时呈现，使管理者能够快速识别资源需求的变化，从而及时调整配置。灵活性对于应对施工进度的波动至关重要，确保了项目能够按计划推进。

在多项目管理中，BIM 技术的优势更加明显。BIM 技术支持多项目资源的共享与调配，优化资源使用，降低了重复投资和资源浪费的风险。通过 BIM 平台，各项目之间可以实现资源的合理分配和高效利用，避免了传统管理模式下资源分配不均的问题。同时，BIM 模型的可视化功能使管理者能够直观了解各类资源的分布和使用情况。可视化的管理方式，不仅提高了资源配置的透明度，还便于管理者作出科学决策，提升了整体项目管理效率。

BIM 技术的应用促进了施工现场资源调配的协同工作。通过增强各专业团队之间的信息流动，BIM 技术提升了整体项目管理效率。在施工现场，各专业团队可以通过 BIM 平台共享信息，快速响应资源需求的变化。协同工作模式，不仅提高了施工效率，还减少了因信息不对称导致的资源浪费。BIM 技术在资源调配优化中的应用，正逐步成为建筑工程精细化管理的重要组成部分，为行业发展提供了新的思路和方法。

（三）施工现场可视化

通过三维模型展示施工进度，管理者能够直观地把握项目的实施情况。可视化技术不仅提升了项目的透明度，还为决策提供了有力支持。在施工过程中，管理者可以通过三维模型实时监测施工进展，识别潜在问题并及时调整施工计划，从而有效地规避风险，确保项目按时完成。此外，施工现场可视化技术还可以与其他信息技术相结合，进一步提升管理水平。

施工现场的可视化技术支持环境监测，实时展示温度、湿度等关键数据。关键数据对于施工安全至关重要，能够帮助管理者在施工过程中及时发现并解决潜在的安全隐患。通过实时监测和数据分析，施工团队可以根据环境变化调整施工策略，确保施工过程的安全性和高效性。可视化技术的应用不仅提高了施工现场的安全管理水平，还为未来的建筑施工提供了宝贵的数据支持，推动了建筑行业的可持续发展。

施工现场可视化的一个显著优势是增强了各专业团队之间的沟通效率。通过共享的可视化平台，各专业团队可以更清晰地理解彼此的工作内容和进度，减少因信息不对称导致误解。高效的沟通机制有助于提高团队协作能力，确保项目顺利推进。在复杂的建筑工程中，信息的准确传递和及时反馈是项目成功的关键，而可视化技术正是实现这一目标的重要手段。

利用可视化工具，管理者能够快速分析施工资源的使用情况，从而优化资源配置。资源管理的精细化不仅提高了施工效率，还降低了成本。通过可视化工具，管理者可以实时跟踪资源的使用情况，及时发现资源浪费或资源不足的问题，并进行调整。动态的资源管理方式，有助于提高施工项目的经济效益，确保资源的合理利用，推动建筑工程的可持续发展。

施工现场可视化技术通过动态数据更新，提升项目管理的灵活性和响应速度。在施工过程中，项目管理者可以通过实时数据更新，快速响应现场发生的变化。灵活的管理方式，不仅提高了项目的应变能力，还增强了施工过程的可控性。通过动态数据的支持，管理者能够及时调整施工策略，确保项目顺利实施。可视化技术的应用，为建筑工程的精细化管理提供了有力支持，推动了建筑行业的现代化发展。

三、BIM 技术在建筑运维阶段的信息化管理

（一）设施管理集成

BIM 技术通过集成设施管理信息，提供全面的资产生命周期管理，确保设施的有效运行和维护。在建筑运维阶段，BIM 技术的应用不仅限于设计和施工阶段，在设施管理中的作用同样至关重要。通过集成设施管理信息，BIM 技术能够为管理者提供一个全面的视角，涵盖从设施规划、设计、施工到运维的整个生命周期。这种集成使管理者可以更有效地跟踪设施的状态，进行及时维护和更新，确保设施的最佳运行状态。此外，资产生命周期管理的全面性还体现在对设施性能的持续监测和评估上，为设施的长期发展提供数据支持。

通过 BIM 平台，设施管理团队能够实时访问和更新设施数据，提升信息的准确性和及时性。实时性是传统管理方法所不具备的，BIM 平台的应用使信息的传递不再受限于时间和空间，管理者可以在任何时候、任何地点获取最新的设施信息。信息的准确性和及时性对于设施的高效管理至关重要，不仅提高了管理决策的科学性，还减少了因信息滞后或不准确导致管理失误。此外，实时更新的能力也使设施管理团队能够快速响应突发事件，保持设施正常运行。

BIM 技术支持设施管理中的预防性维护，通过数据分析预测设备故障，降低维修成本和停机时间。预防性维护是现代设施管理的重要组成部分，BIM 技术通过对设施运行数据的分析，能够提前发现潜在的设备故障。预测能力使管理者可以在故障发生前采取措施，避免设备突然停机，降低维修成本和停机时间。数据驱动的维护策略不仅提高了设施的可靠性，还延长了设备的使用寿命，为企业节省大量的维修和更换成本。

BIM 在设施管理中的应用可实现空间利用优化，提高资源配置效率，推动可持续发展目标的实现。空间利用的优化是设施管理中的一项重要任务，BIM 技术通过对设施空间的三维建模和分析，能够帮助管理者更好地规划和利用空间资源。空间利用优化不仅提高了设施的使用效率，还减少了资源浪费，符合可持续发展的目标。此外，BIM 技术还支持对设施能耗的监测和分析，为管理者提供节能减排的科学依据，进一步推动绿色建筑的发展。

结合 BIM 技术的设施管理系统能够实现多方协作，促进设计、施工和运营团队之间的信息共享和协调。在设施管理中，信息的共享和协同是实现高效管理的关键。BIM 技术提供了一个统一平台，使设计、施工和运营团队能够在同一环境中协作。通过 BIM 平台，各团队可以共享设施的设计图纸、施工计划和运营数据，减少信息孤岛的形成。这不仅提高了工作效率，还减少了因信息不对称导致的沟通误解和工作延误，确保设施管理的顺利进行。

（二）维护计划优化

在建筑运维阶段，维护计划优化是确保建筑设施高效运行的关键环节。制订维护计划时，需要基于 BIM 模型中的实时数据，可以确保维护活动能够根据实际设备状况进行动态调整和优化。通过维护计划优化，管理者可以在问题发生之前预见潜在的设备故障，从而制定更为有效的维护策略。利用 BIM 技术，实时数据的获取和分析成为可能，为维护计划的精准制订提供了坚实的基础。

数据分析工具的应用，使设备的维护需求和潜在故障能够被提前预测。预测能力使管理者可以制订预防性维护计划，从而大幅降低突发性维修的风险。预防性维护不仅能够延长设备的使用寿命，还能优化资源的使用效率。通过对设备状况的持续监测，管理者可以在故障发生前采取措施，避免由于设备故障导致的停工或安全隐患。

在制订维护计划时，设备的使用频率和重要性是需要重点考虑的因素。关键设备的维护应被优先安排，以确保整个设施正常运转。通过对设备重要性的评估，管理者可以合理配置资源，确保维护活动的有效性。同时，BIM 技术提供的可视化平台，使设备的优先级排序和维护计划的制订更加直观和高效。

利用 BIM 技术实现维护记录的数字化管理，是建筑运维管理的趋势。维护历史数据的可追溯性，为后续的维护决策提供了可靠的参考依据。通过数字化管理，维护记录的存储、检索和分析都更加便捷。这不仅提高了信息管理的效率，还为建筑设施的长远发展提供了数据支持，助力建筑工程的精细化管理。

（三）运维数据分析

通过对设施使用数据的收集与处理，管理者能够识别设备的使用效率，从而优化资源配置，不仅提高了设施的运转效率，还能有效降低运营成本。通过对数据的深入分析，管理者可以精确定位资源浪费的环节，进而采取相应措施进行调整和改进。尤其是在资源配置上，通过对使用效率的分析，能够实现资源的合理分配和优化使用，避免了资源闲置和资源浪费。

利用运维数据分析，管理者可以实时监控设备的运行状态，及时发现潜在故障，减少停机时间。这种实时监控能力是基于 BIM 技术的强大信息整合功能，使建筑运维管理能够在第一时间获取设备运行状态的最新信息。通过对数据的实时分析，管理者能够提前识别设备可能出现的问题，从而采取预防措施，避免因设备故障导致的停机和经济损失。实时监控不仅提高了设备的可靠性，还增强了整体运维管理的响应速度和效率。

运维数据分析支持对维护活动的效果评估，通过历史数据的对比分析，优化未来的维护计划。在建筑运维阶段，维护活动的效果直接关系设施的长期性能和使用寿命。通过对历史维护数据的分析，管理者可以评估不同维护策略的有效性，并据此调整未来的维护计划。基于数据的维护计划优化，不仅提高了维护活动的效率，还能延长设备的使用寿命，降低长期运营成本。

运维数据分析可以整合多维度信息，提供全面的设施性能报告，支持决策制定和资源分配的科学性。通过整合建筑运维阶段的多维度数据，管理者能够获得全面的设施性能报告。设施性能报告不仅涵盖了设备的使用效率、故障率、维护需求等信息，还提供了对整体设施性能的综合评估。全面的信息支持，使管理者在决策制定和资源分配时，能够基于科学的数据分析，而非仅凭经验和直觉，从而提高了决策的准确性和资源分配的合理性。

四、BIM 技术在建筑质量与安全监控中的应用

（一）质量检查自动化

在建筑工程中，质量检查自动化是精细化管理的重要组成部分。通过传感器和监控设备，施工现场的质量数据能够被实时收集，这为施工质量的动态监控提供了坚实的基础。自动化质量检查系统的核心在于其能够根据预设的标准进行实时分析，及时发现并报告质量问题。自动化质量检查系统的应用大大减少了人工检查的误差，提高了施工质量的可靠性和效率。

自动化质量检查系统不仅能进行实时的质量数据分析，还可以生成详细的质量检测报告。质量检测报告为管理者提供了快速识别质量缺陷的能力，并帮助管理者采取相应的纠正措施，通过这种方式，施工项目的质量

管理更加透明和高效，管理者能够对质量问题进行迅速响应，减少了可能的质量隐患。

系统的一个显著优势是其与BIM模型的集成能力，通过这种集成，质量数据能够与设计参数相结合，确保施工质量与设计要求的一致性。一致性对于建筑工程的成功至关重要，因为一致性确保了最终建成的建筑物能够符合设计的预期功能和安全标准，通过这种方法，BIM技术在推动建筑工程质量管理方面发挥了重要作用。

此外，自动化质量检查系统通过数据分析能够识别潜在的质量风险，并提供预警功能，这种预警功能有助于减少返工和损失。通过对数据的深入分析，系统能够识别出施工过程中潜在的问题，并为管理者提供决策支持。前瞻性的管理方法是精细化管理的核心理念之一，为建筑工程的成功实施提供了有力保障。

（二）安全风险预警

通过实时数据监测，安全风险预警系统能够自动识别施工现场的潜在安全隐患，如设备故障和环境变化。自动化的识别机制确保了预警通知的及时发出，从而为施工现场的安全管理提供了有力的支持。实时数据监测的优势在于其能够第一时间捕捉到异常情况，并通过预警系统通知相关人员，避免了人为监测的滞后性和不确定性。此外，预警系统的实时性还意味着施工现场的安全状况始终处于动态监控之下，任何潜在风险都难以逃脱系统的“眼睛”，从而大大提高了施工现场的安全性。

系统集成了多种传感器和监控设备，持续分析施工环境的变化，确保施工条件的安全性。传感器和设备能够实时收集施工现场的各种数据，如温度、湿度、气体浓度等，进而通过数据分析评估施工环境的安全性。通过对施工环境变化的持续分析，系统能够及时发现不利于施工安全的因素，并采取相应的措施进行调整。系统集成不仅降低了事故发生的概率，还为施工管理者提供了一个全面的安全监控平台，使施工现场的安全管理更加科学和高效。

安全风险预警机制基于历史数据和实时信息进行智能分析，能够预测潜在的风险点，并提前制定应对措施。智能分析能力是安全风险预警系统的核心，通过对历史数据的分析，系统可以识别出过去发生过的安全隐患，并结合实时数据评估当前的安全状况。安全风险预警机制不仅提高了项目的安全管理能力，还为管理者提供了决策依据，使安全管理工作更加具有前瞻性。通过提前制定应对措施，施工项目能够在风险发生之前就作好准备，从而降低了安全事故的发生概率。

系统支持多级预警机制，根据不同类型的安全隐患触发相应的响应流程。多级预警机制确保管理者能够迅速应对各种突发情况，提升应急响应效率。不同类型的安全隐患可能需要不同的应对措施，因此系统会根据隐患的严重程度和类型触发相应的响应流程。多级预警机制不仅提高了应急响应的效率，还确保了每个突发情况都能得到及时和适当的处理，从而进一步提升了施工现场的安全性。

（三）施工现场监控

施工现场监控是建筑工程管理中至关重要的一环，通过 BIM 技术的应用，施工现场监控系统实现了全面的升级。施工现场监控系统通过实时视频监控技术，确保施工人员的安全，及时发现并处理潜在的安全隐患。实时视频监控技术的应用，不仅提高了施工现场的安全性，还为管理者提供了一个可视化的监控平台，使安全管理更加直观、高效。通过实时视频监控，管理者能够在第一时间获取现场动态，及时作出反应，预防安全事故的发生。

施工现场监控系统的先进之处还在于其集成了环境监测传感器，能够实时检测施工现场的温度、湿度和气体浓度等，确保施工环境的安全性。环境监测传感器的数据为管理者提供了全面的环境信息，使施工现场的环境监控更加精细化。通过对环境数据的实时监测，施工现场的安全管理不再仅仅依赖人为的经验判断，而是有了科学的数据支持，这一技术的应用，不仅提升了施工现场的安全性，还为施工管理提供了更为科学的依据。

监控系统利用数据分析功能，识别施工过程中可能出现的安全风险，并提供相应的预警信息，帮助管理者及时采取措施。通过对历史数据的分析，系统可以识别出可能的风险点，并在问题发生前发出警报。预警机制的建立，为施工现场的安全管理提供了一个前瞻性的工具，使管理者能够在问题发生之前采取措施，避免安全事故的发生，这一功能的实现，依赖于 BIM 技术强大的数据处理能力，使施工现场的安全管理更加智能化。

施工现场监控系统支持移动端访问，管理者可以随时随地获取现场安全信息，提升了应急响应能力。通过移动设备，管理者可以在任何时间、任何地点查看施工现场的监控数据，灵活性大大提高了应急响应的效率。在突发事件发生时，管理者能够快速获取现场信息，及时做出决策，减少事故损失，这一功能的实现，使施工现场的安全管理不再受时间和空间的限制，真正实现了全方位的安全监控。

五、基于 BIM 技术的建筑工程项目管理

（一）项目进度整合

BIM 技术通过强大的三维建模能力，极大地提升了建筑工程项目进度整合的效率。通过三维建模，施工进度的各个阶段得以可视化展示，使项目团队成员能够直观地理解不同施工阶段的状态及其相互关系。可视化的方式不仅帮助团队成员更好地掌握项目的整体进度，还能有效地促进各个施工阶段的协调与衔接，避免因信息不对称而造成的误解和延误。在 BIM 平台的支持下，施工进度的整合不仅是信息的简单叠加，更是一个动态调整的过程，确保项目进度最优化。

施工进度整合的核心在于 BIM 平台的实时数据更新能力，这一功能确保了项目各参与方能够及时获取最新的进度信息，从而减少因信息滞后导致协调问题。实时数据更新使管理者能够快速响应施工现场的变化，及时

调整施工计划和资源配置，以应对不可预见的突发事件。灵活性在快节奏的建筑工程项目中尤为重要，能够显著提高项目的整体效率和成功率。

BIM 技术的一个显著优势在于其支持施工进度的动态调整。通过对实时监控数据的分析，管理者可以灵活调整施工计划和资源配置，以应对项目进度中的变化。动态调整能力不仅提高了项目管理的灵活性，还有效降低了项目风险，确保施工计划的有效执行。此外，BIM 技术支持施工进度的模拟，帮助管理者提前识别潜在的瓶颈和延误，制定相应的预防措施，优化施工流程。

通过 BIM 技术进行施工进度的模拟，管理者可以在项目实施前识别潜在的瓶颈和延误，制定相应的预防措施，优化施工流程。前瞻性的管理方法使项目管理者能够在问题发生之前采取措施，从而减少施工过程中可能出现的延误和额外成本。通过模拟不同的施工方案，管理者可以选择最优的施工路径，确保项目顺利推进。

（二）信息共享平台

在建筑工程项目管理中，信息共享平台的应用为项目的精细化管理提供了坚实的技术支持。信息共享平台通过统一的数据标准和接口，确保了不同系统之间的数据能够无缝对接，极大地提高了信息流通的效率。传统的项目管理方式常常因信息孤岛而导致沟通不畅，而信息共享平台的引入有效打破了这一局限，使各系统之间的数据传递更加顺畅。无缝对接不仅提高了信息流通的效率，还为各参与方提供了一个统一的交流基础，使项目各个阶段的信息传递更加高效和准确。

信息共享平台的一个重要功能在于促进项目各参与方的实时沟通。通过信息共享平台，项目团队成员可以在项目的各个阶段及时交流，减少信息传递中的误解和延误。实时沟通机制大大提升了团队的协作效率，使项目管理更加顺畅、高效。在传统的项目管理中，信息传递的滞后常常导致决策延误，而信息共享平台通过实时的信息更新和交流，确保了项目管理者能够在第一时间掌握项目的最新动态，从而作出更加及时和科学的决策。

通过信息共享平台，项目管理者能够快速获取各类数据分析报告，为决策过程的科学性与及时性提供了有力支持。信息共享平台不仅能整合来自不同系统的数据，还能通过数据分析功能，为管理者提供详尽的分析报告。分析报告涵盖了项目进度、资源分配、成本控制等多个方面，为管理者提供全面的决策支持。通过对不同系统的数据的深入分析，管理者能够更好地把握项目的整体状况，及时发现潜在的问题，为项目的顺利推进提供保障。

信息共享平台在保障信息安全和隐私方面发挥了重要作用。信息共享平台的安全机制确保了敏感数据在共享过程中的保护，防止信息泄露和未经授权的访问。在建筑工程项目中，数据的安全性和隐私性至关重要，信息共享平台通过多层次的安全防护措施，保障了数据的安全传输和存储。不仅提高了各参与方对信息共享平台的信任，也为项目的顺利实施提供了安全保障。

（三）决策支持系统

在建筑工程项目管理中，决策支持系统的引入为管理者提供了强有力的工具，以应对复杂的项目环境。决策支持系统通过整合多来源的数据，形成全面的项目视图，确保管理者在作出决策时拥有充分的信息基础。整合能力不仅提升了信息的可获得性和准确性，还提高了项目管理的透明度，使各级管理者能够在信息共享的基础上协同工作。通过数据的综合分析，系统能够识别出项目中的关键绩效指标，支持管理者及时作出决策。实时性是建筑工程项目管理中至关重要的因素，因为实时性能够及时应对项目过程中出现的各种变动，确保项目顺利推进。

决策支持系统不仅限于信息的整合和分析，还具备强大的模拟和预测功能。通过对不同决策方案的潜在影响进行评估，决策支持系统能够帮助管理者优化决策过程。模拟功能使管理者可以在虚拟环境中测试不同的策略，从而选择出最优方案。这种能力在建筑工程项目中尤为重要，因为每个决策都可能对项目的时间、成本和质量产生重大影响。通过对不同方案的深入分析，管理者能够更好地预见项目的未来走向，降低风险，提高项目的成功率。

决策支持系统的可视化界面为管理者提供了直观的决策支持。复杂的数据通过图表和图形的形式展示，使管理者能够快速理解信息，并作出明智的决策。可视化不仅提高了信息的可读性，还帮助管理者更好地传达决策意图和策略。直观的展示方式在团队沟通和跨部门协作中发挥了重要作用，有助于消除信息孤岛，促进信息的高效流动，从而提升整个项目团队的决策效率和执行力。

决策支持系统的自动报告生成能力显著减少了人工准备时间，使管理者能够将更多的精力投入战略性思考和规划中。通过自动化的报告生成，管理者可以快速获得项目的最新进展和关键数据，支持其进行深度的战略分析和规划。这不仅提高了管理者的工作效率，还增强了其在项目中的领导能力和决策水平。自动化的报告生成功能确保了信息的及时性和准确性，为管理者提供了可靠的决策依据，推动了建筑工程项目管理的精细化和现代化发展。

第三节　大数据与物联网在精细化管理中的应用

一、大数据在建筑工程数据分析与挖掘中的作用

（一）数据采集与整合

在建筑工程精细化管理中，数据采集与整合是实现信息化管理的基础。数据采集技术的多样化，尤其是传感器、无人机和移动设备的应用，使建筑施工现场的各类信息能够被全面覆盖。以上技术不仅提高了数据采集的效率，还保证了信息的全面性和准确性。传感器可以实时监控建筑材

料的状态和环境条件，无人机能够快速获取大面积的现场图像和视频，而移动设备提供了灵活的现场数据输入方式。以上技术的结合，使建筑项目的各个环节都能得到有效的监控和管理。

数据存储解决方案的选择是至关重要的一环。在建筑工程精细化管理中，云存储和本地存储各有优缺点。云存储提供了更高的可扩展性和数据共享的便利性，但同时面临着数据安全和隐私保护的挑战。而本地存储在数据安全性上具有优势，但可能在数据的访问和共享上存在一定的限制。因此，结合项目的具体需求，选择合适的数据存储方案，可以有效保证数据的安全性和可访问性。

数据采集的实时性是确保项目进展动态监控的关键。通过实时数据采集，管理者可以及时了解现场的变化和问题，并快速做出反应和调整。动态监控能力不仅提升了项目的响应速度，也提高了整体管理的效率和效果。实时数据的获取，使项目的各个环节都能在变化发生时得到及时的反馈和处理，减少了潜在的风险和损失。

数据格式的统一性是数据整合的基础。在建筑工程中，不同来源的数据往往以不同的格式存在，这给数据的整合和分析带来了挑战。通过制定统一的数据格式标准，可以确保来自不同来源的数据能够有效整合，便于后续的分析和使用。统一的数据格式不仅提高了数据的可用性，也为数据分析提供了更为可靠的基础。

（二）数据分析工具应用

数据分析工具在建筑工程中的应用为项目管理带来了深刻变革。通过机器学习算法，数据分析工具能够识别建筑项目中的异常模式，提前预警潜在风险。这一能力使管理者可以在问题发生前采取预防措施，从而降低风险和潜在损失。数据分析工具的预警功能不仅提升了项目的安全性，也提高了管理效率，确保项目顺利推进。

数据分析工具支持实时数据处理，能够快速生成项目进展报告，极大地提升了决策的及时性和准确性。实时报告使管理者能够迅速了解项目的当前状态，并根据最新数据作出明智的决策。快速响应能力在建筑工程中尤为重要，尤其是在复杂且动态变化的项目环境中，实时数据处理成为精细化管理的关键支撑。

数据可视化功能是数据分析工具的重要特点，通过将复杂的数据以图表形式呈现，帮助管理者直观理解项目状况与趋势。直观的展示方式不仅提升了数据的可读性，还使管理者能够更好地识别潜在问题和发展趋势，从而制定更为有效的管理策略。数据可视化使信息传递更加高效，同时促进了项目团队之间的沟通与协作。

数据分析工具的模拟分析功能可以预测不同决策对项目结果的影响。这一功能支持管理者进行科学决策和资源配置，通过模拟不同的决策情景，管理者能够评估其潜在的影响和效果，从而选择最优的管理方案。基于数据的科学决策方式，不仅提高了资源的利用效率，还为项目的成功提供了有力的保障。

（三）数据挖掘技术应用

数据挖掘技术在建筑工程管理中的应用日益广泛，其核心在于通过对海量数据的分析与挖掘，获取对项目决策有价值的信息。通过分析历史项目数据，数据挖掘技术能够识别出影响建筑项目成功与否的关键因素，识别不仅为项目的顺利实施提供了科学依据，还为后续项目的规划和执行提供了决策支持。具体而言，数据挖掘技术可以通过分析过往项目的成本、进度和质量等数据，找出成功项目的共性特征，从而为新项目的开展提供参考。数据驱动的决策方式，能够有效地提升项目管理的效率和准确性。

运用聚类分析方法，数据挖掘技术能够将相似特征的项目进行分组，帮助管理者理解不同类型项目的表现差异，从而制定更有针对性的管理策略。例如，通过聚类分析，可以将项目按规模、复杂程度或地理位置等特征进行分类，识别出不同类别项目在成本、时间和资源分配上的表现差异。聚类分析不仅有助于优化资源配置，还能提高项目的整体管理水平，使建筑工程管理更加精细化和科学化。

数据挖掘技术通过关联规则挖掘，可以发现项目管理中潜在的因果关系，揭示出影响成本和进度的隐含因素。通过分析项目数据中的关联模式，管理者可以识别出哪些因素可能导致项目延误或成本超支。例如，某些材料的供应不及时可能与项目延误有很强的关联性，识别隐含因素可以帮助管理者在项目初期采取预防措施，降低风险。因果关系的揭示，不仅提高了项目管理的透明度，也为管理者提供了更为科学的决策依据。

利用预测建模，数据挖掘技术能够基于现有数据预测未来项目的风险和资源需求。预测能力支持更精准的项目规划，帮助管理者提前识别潜在问题，并制定相应的应对策略。例如，通过对历史数据的分析，预测建模可以估算某一项目在特定阶段可能面临的风险，如资源短缺或资金不足等，从而使管理者能够提前采取措施，确保项目按计划推进。前瞻性的管理方式，显著提升了建筑工程项目的成功率。

数据挖掘技术结合文本分析，可以从项目文档和报告中提取有价值的信息，提升信息的利用效率和决策的科学性。在建筑工程中，项目文档和报告通常包含大量非结构化数据，通过文本分析技术，可以自动识别和提取其中的关键信息，如项目进展、问题记录和风险评估等。这不仅提高了信息的获取效率，还使管理者能够更快地响应项目中的变化，进行及时调整和优化。信息处理能力，为建筑工程的精细化管理提供了强有力的支持。

二、大数据在建筑工程风险预测与防范中的应用

（一）风险数据模型构建

风险数据模型的构建需要以全面的数据收集为基础，包括项目的历史数据、现场实时数据以及外部环境数据。以上数据的整合确保了模型的全面性和准确性，为后续的风险分析提供了坚实的基础。通过对历史数据的深度挖掘，利用先进的机器学习算法，可以识别出潜在的风险模式和触发

因素，不仅为风险预测提供了科学依据，还为项目管理者提供了识别风险的前瞻性视角。

风险数据模型的有效性体现在其多维度的风险指标体系上。通过量化评估各类风险的可能性和影响程度，项目管理者可以对风险进行优先级排序，从而优化资源配置，提升管理效率。多维度的风险指标体系不仅考虑了风险的多样性，还兼顾了风险之间的相互关系，为决策提供了更为全面的视角。此外，实施动态监控机制是保持风险数据模型时效性的关键。随着项目的推进和外部环境的变化，风险数据模型需要实时更新，以确保其分析结果的准确性和有效性。动态调整能力使模型能够适应快速变化的工程环境，提供及时的风险预警。

为了增强风险数据模型的实用性，可视化工具的结合是必不可少的。通过直观的图形化展示，管理者可以更清晰地理解风险状况，便于制定应对策略。这不仅提升了风险管理的效率，也增强了决策的科学性和可操作性。可视化工具的应用，使复杂的数据分析结果以更易于理解的方式呈现，帮助管理层在面对复杂的工程风险时，作出更为明智的决策。通过以上手段，风险数据模型的构建不仅提升了建筑工程的管理水平，也为精细化管理在建筑领域的深入应用提供了坚实的技术支撑。

（二）风险预测算法应用

在建筑工程领域，风险预测算法的应用是提高项目管理效率和安全性的重要手段。通过利用机器学习算法，能够构建出高效的风险预测模型。风险预测模型可以自动识别项目中的潜在风险因素，从而提高预测的准确性。机器学习算法的自适应性和强大的数据处理能力，使它在复杂的建筑项目中尤为有效。通过对大量历史数据的分析，机器学习算法能够识别出潜在风险的模式和趋势，为项目管理者提供有价值的预警信息。风险预测算法不仅提高了风险预测的准确性，还减少了人为因素对风险评估的影响。

时间序列分析方法是一种在风险预测中广泛应用的技术。通过对历史数据的趋势进行分析，时间序列分析可以对未来的风险进行动态预测。时间序列分析方法的优势在于其能够捕捉数据中的时间依赖性，确保项目管理的前瞻性。通过时间序列分析，管理者能够提前识别出可能的风险变化趋势，从而在风险发生前采取有效的防范措施。动态预测能力对于应对建筑项目中的不确定性因素具有重要意义。

为了更全面地评估风险，复合型风险预测算法的开发尤为重要。通过集成多种数据源，复合型风险预测算法可以综合考虑内部因素和外部因素对项目风险的影响。复合型风险预测算法的优势在于其能够处理多维数据，并将不同来源的信息整合在一起，形成更为全面的风险评估。复合型风险预测算法不仅提高了风险预测的准确性，还帮助管理者在复杂环境中作出更加明智的决策。

实时数据监控结合实时风险预测算法，是建筑工程风险管理中的关键技术。通过实时监控项目进展，管理者可以及时获取最新的项目数据，并结合实时预测算法，识别和应对突发风险，增强了项目的应变能力，使管理者能够在风险发生时迅速调整策略，减少损失。实时数据监控的应用，不仅提高了项目的安全性，也为管理者提供了更大的决策灵活性。

（三）风险预警机制

在建筑工程中，风险预警机制是精细化管理的重要组成部分。建立多级风险预警机制是应对复杂工程环境中各种潜在风险的有效手段。通过划分不同风险等级并触发相应的响应流程，管理者能够迅速采取措施应对突发情况。这种分级预警机制不仅提高了应急响应的效率，还确保了在面对不同风险时，能够采取最适合的管理策略，从而最大限度地降低风险对项目进度和安全的影响。

实时数据监测系统在风险预警机制中扮演着关键角色。实时数据监测系统能够自动识别施工现场的异常情况，并及时发出预警通知以降低事故发生的概率。通过对数据的实时分析，实时数据监测系统可以迅速检测到潜在的安全隐患，并在问题扩大之前进行干预。主动的风险管理方式，不仅提升了项目的安全管理水平，还为管理者提供了一个可靠的工具，以便管理者在最短时间内作出反应。

结合历史数据与实时信息进行智能分析，是提升风险预测能力的有效途径。通过这种方法，可以识别出潜在的风险点并提前制定应对措施，增强项目的安全管理能力。历史数据提供了过去风险事件的宝贵经验，而实时信息反映了当前的项目状态。两者相结合，能够形成一个动态的风险预测模型，帮助管理者在风险发生前采取预防措施，确保项目顺利进行。

动态监控机制的实施是确保风险预警机制时效性和有效性的关键。随着项目推进和外部环境的变化，风险预警模型需要实时更新，以保持其准确性和有效性。动态调整能力，确保了预警机制能够适应不断变化的项目需求和环境条件，从而持续提供可靠的风险管理支持。通过动态监控，管理者可以在变化的环境中，始终保持对风险的敏感性和快速反应能力。

三、物联网技术在建筑施工现场监控中的应用

（一）现场监控设备部署

在建筑施工现场，监控设备的部署是实现精细化管理的重要一环。选择合适的监控设备需要综合考虑施工现场的具体需求。环境因素、监控范围和数据采集精度等都是决定设备适应性和有效性的关键因素。只有在充分理解施工现场的环境条件和监控需求后，才能选择出最能满足以上需求的监控设备，从而确保监控系统的有效性。

部署监控设备时，网络连接和数据传输方式是保证实时数据稳定传输和系统集成的基础。施工现场通常存在复杂的环境条件，这对设备之间的网络连接提出了更高的要求。采用先进的网络技术和合理的传输方案，可以有效地提升数据传输的稳定性和可靠性，确保监控系统能够实时获取并处理施工现场的各类信息。

监控设备的安装位置需要精心规划，以确保对关键区域和重要施工环

节的全覆盖。合理的安装位置不仅可以避免监控盲区和信息遗漏，还能提高监控的效率和准确性。通过对施工现场的全面分析，确定最优的设备安装策略，能够有效地提升监控系统的整体性能。

在现场监控设备的部署过程中，制定详细的操作规程和应急预案是必不可少的。施工现场环境复杂，突发情况时有发生，因此，提前制定应对技术故障和突发情况的预案，可以有效地保障施工安全。通过规范化的操作流程和应急管理机制，能够最大限度地降低突发事件对施工进度和安全的影响。

（二）实时数据传输技术

实时数据传输技术在建筑施工现场的应用，极大地保障了各类传感器和监控设备之间的信息交流效率。实时数据传输技术的核心在于确保数据能够快速上传与处理，从而为施工现场的管理提供实时的决策支持。通过实时数据传输，管理者能够在第一时间获取现场的动态信息，从而及时调整施工进度和方案，确保项目按计划推进。实时数据传输技术的应用，使施工现场的信息流动更加顺畅，减少了信息滞后和误差，为精细化管理提供了坚实的技术基础。

采用无线通信技术实现了施工现场数据的实时传输。无线通信方式，不仅减少了传统有线连接的布线成本，还降低了维护难度，提升了施工现场的灵活性。无线通信技术的应用，极大地提高了施工现场的工作效率，使各类设备能够在不受物理连接限制的情况下自由移动和调整，更好地适应复杂多变的施工环境。无线通信技术的进步，为建筑工程的信息化建设注入了新的活力，推动了施工管理的现代化进程。

实时数据传输技术支持多种数据格式的传输，包括视频监控、环境监测和设备状态等，增强了信息采集的全面性。多样化的数据传输能力，使施工现场的监控系统能够全面覆盖各类重要信息，提供更为详尽的现场状况报告。通过多种数据格式的整合，管理者能够更全面地掌握施工现场的实际情况，从而做出更为精准的管理决策。全面的信息采集能力，是精细化管理的重要组成部分，提升了建筑工程的整体管理水平。

通过云计算平台，实时数据传输技术能够将现场数据快速上传至云端，实现数据的集中管理和分析。集中化的数据管理方式，不仅提高了数据处理的效率，还增强了数据的安全性和可用性。云计算平台的应用，使管理者能够在任何时间、任何地点访问施工现场的数据，进行远程监控和管理。通过对云端数据的分析，管理者能够发现施工中的潜在问题，及时调整施工策略，提高决策的科学性和准确性。

实时数据传输技术结合边缘计算，能够在施工现场进行数据的初步分析与处理，减少延迟，提升响应速度。边缘计算的应用，使部分数据处理任务可以在靠近数据源的地方进行，减少了数据传输的延迟，提高了系统的响应速度。边缘计算与实时数据传输技术的结合，不仅提高了施工现场的数据处理效率，还增强了系统的灵活性和稳定性。边缘计算与实时数据传输技术的结合，是建筑工程信息化建设的重要发展方向，为施工现场的精细化管理提供强有力的技术支持。

（三）施工现场智能监控

智能监控系统通过集成多种传感器和摄像头，实现对施工现场的全方位监控，确保实时掌握现场动态。智能监控系统不仅能捕捉到施工现场的实时画面，还能通过传感器数据获取更多维度的信息，如温度、湿度、震动等。以上数据的实时采集和分析，使管理者能对施工现场的情况有全面的了解和掌控，从而提高施工效率和安全性。

智能监控系统的核心在于其采用的人工智能算法。该算法能够自动识别施工现场的异常情况，如设备故障或安全隐患，并及时发出预警。通过对异常情况的自动识别，智能监控系统可以在第一时间通知相关人员进行处理，避免潜在的损失和危险。预警机制不仅提高了施工现场的安全性，还大大减少了人为干预的需求，使管理流程更加自动化和高效。同时，智能监控系统还支持数据分析功能。通过对历史数据的学习和分析，智能监控系统能够不断优化监控策略，提高施工现场的管理效率。数据分析不仅有助于识别出长期存在的隐患，还能为未来的施工项目提供有价值的参考。通过对数据的深度挖掘，管理者可以发现施工过程中的规律和趋势，从而制订更为科学合理的管理方案，提升整体施工质量。

智能监控系统的远程监控功能为管理者提供了极大的便利。通过移动端应用，管理者可以随时随地获取现场信息，增强决策的灵活性与响应速度。移动化的管理方式，使得管理者无须亲临现场即可全面掌控施工进度和质量，有效节约了时间和人力成本。同时，移动端的便捷性提升了管理者的工作效率，使整个施工管理过程更加流畅。此外，智能监控系统的可视化界面将施工现场的各类数据以图表形式展示，帮助管理者快速理解现场状况，提升决策的科学性。通过直观的数据展示，管理者能够更清晰地看到施工进度、安全状况和资源使用情况，不仅有助于提高管理者的决策效率，还能为施工项目的各个环节提供精准的数据支持，确保每一个决策都基于充分的数据分析和科学判断。

四、物联网技术在建筑设备与材料管理中的应用

（一）设备状态监测

通过传感器技术，设备状态监测能够实时采集施工设备的运行数据，确保设备的健康状态得到及时反馈。实时监测不仅能够提高设备管理的精确性，还能显著降低设备故障的发生率。例如，传感器可以检测设备的温度、振动、压力等参数，一旦出现异常，如过热或振动异常，系统会立即发出预警信号。预警机制使管理者可以在问题扩大之前采取措施，防止设备故障对施工进度和质量造成影响。

监测系统的一大优势在于其自动识别能力。通过对设备运行数据的分析，监测系统能够识别出设备的异常运行情况，并及时预警。智能化的识别能力减少了人工监测的误差，提高了设备管理的效率。同时，设备状态监测系统支持数据的历史记录功能，帮助管理者分析设备的使用频率和维

护需求。通过对历史数据的分析，管理者可以制订更为精准的维护计划，优化设备的使用寿命，降低运营成本。

物联网技术的集成使设备状态监测可以实现远程监控。管理者可以通过网络随时随地获取设备的实时状态信息，这种便捷的获取方式大大提高了决策效率。尤其在大型建筑工程中，设备分布广泛，远程监控的优势更加明显。管理者不必亲临现场即可掌握设备的运行情况，及时做出管理决策，不仅节省了时间和人力成本，也提高了管理的灵活性和响应速度。

此外，设备状态监测系统还能够与其他管理系统进行数据共享，如项目管理、资源调配等，实现信息的全面整合与优化管理。信息共享机制使管理者能够从全局视角进行资源配置和项目管理，提高了建筑工程的整体管理水平。通过数据的全面整合，管理者可以更好地协调设备使用和维护，确保施工的连续性和效率。物联网技术在设备状态监测中的应用，推动了建筑工程管理向智能化、精细化方向发展。

（二）材料库存管理

在建筑工程中，材料库存管理是确保项目顺利进行的关键环节。物联网技术的应用为材料库存管理提供了革命性的解决方案。通过在材料上安装传感器和 RFID 标签，管理人员可以实时监控库存状态，确保数据的准确性和及时性。实时监控能力有效避免了材料短缺或过剩的情况，保障了施工进度的稳定。此外，物联网技术还可以实现对材料使用情况的动态追踪，不仅提升了材料管理的透明度，还提高了整体管理效率。通过对材料流动的实时掌握，管理者可以迅速作出决策，优化资源配置。

智能预警机制是物联网技术在材料库存管理中的重要应用。当库存水平低于设定的安全阈值时，系统会自动通知相关人员进行补货。自动化的预警机制能够有效地防止因材料不足而导致的施工延误，确保项目按时完成。与此同时，智能预警机制也避免了过度储备材料所带来的成本浪费和管理负担。通过物联网技术的支持，材料管理可以更加精准和高效，减少了人为干预的必要性，使项目管理更加科学、合理。

物联网技术促进了材料管理系统与项目管理平台的整合。通过信息系统的互联互通，各部门之间的信息共享得以实现。材料管理系统与项目管理平台的整合不仅优化了材料采购和使用流程，还提高了整体项目管理的协同性。各部门可以基于共享的实时数据进行协调，确保每一个环节都在最佳状态下运行。信息共享机制不仅提高了工作效率，还减少了因信息不对称而导致误解和延误，为项目顺利推进提供了有力保障。

数据分析工具在物联网技术支持下，对材料使用数据进行汇总与分析，识别使用趋势。数据分析结果不仅可以支持当前项目的材料管理，还为后续项目的材料需求预测提供了科学依据。通过对历史数据的深入分析，管理者可以更准确地预测未来的材料需求，制订更为科学的采购计划。数据驱动的决策方式不仅提高了材料管理的科学性，还为企业节省了大量成本，提升了整体竞争力。物联网技术的应用，使建筑工程的材料管理向着更加智能化和精细化的方向迈进。

（三）物流跟踪与优化

通过物联网技术的应用，物流跟踪系统能够实时监测建筑材料和设备在运输过程中的状态，确保其透明性。实时数据监测不仅减少了运输过程中的延误和损失，还为建筑工程的精细化管理提供了有力支持。在物流过程中，透明的信息流动使各个环节的协调更加顺畅，确保了建筑材料和设备的准时到达，进而提高了整个项目的效率和质量。

物联网技术的一大优势在于其能够自动记录材料的运输路径和时间，生成详细的运输历史数据。运输历史数据为后续的分析和优化提供了重要依据。通过对运输历史数据的分析，管理者可以识别出运输过程中的瓶颈，进而优化运输路线和方式。基于数据的优化不仅能够降低物流成本，还能提高运输效率，确保建筑工程顺利进行。物联网技术的应用，使物流管理从传统的经验判断转向数据驱动的科学决策，提升了管理的精细化水平。

物流跟踪系统通过与项目管理系统的集成，能够实现信息的即时更新。集成使各部门可以实时掌握材料和设备的到达情况，提升了协作效率。通过信息实时共享，各部门之间的沟通更加顺畅，减少了信息不对称带来的问题。高效的协作不仅提升了物流管理的效率，也为建筑工程的整体管理带来了积极的影响，确保项目能保质保量的按时完成。

物流跟踪系统的实时数据分析功能，能够识别运输过程中的瓶颈问题。通过对瓶颈的识别，管理者可以及时采取措施，优化运输路线和方式，从而降低物流成本。优化后的物流方案，不仅能够提升运输效率，还能有效减少因延误导致的额外成本支出。实时数据分析为物流管理提供了科学的决策依据，使建筑工程的物流管理更加精细和高效。

此外，实时物流跟踪技术支持与供应链管理的无缝对接，确保材料和设备的及时供应。无缝对接提高了施工现场的响应能力和效率，确保建筑工程的顺利进行。通过与供应链管理的紧密结合，物流跟踪系统能够及时调整供应计划，满足施工现场的需求。灵活的供应链管理模式使建筑工程的各个环节更加协调，确保了项目的成功实施。物联网技术在物流管理中的应用，体现了精细化管理的优势，为建筑工程的信息化建设提供了强有力的支持。

五、大数据与物联网结合下的精细化决策支持

（一）决策支持系统设计

在建筑工程中，决策支持系统的设计是实现精细化管理的关键环节。一个高效的决策支持系统应具备实时数据集成能力，能够快速从各类信息源汇聚数据。数据集成能力确保了管理者在做出决策时，是基于最新、最全面的信息，从而提高决策的准确性和时效性。随着大数据和物联网技术不断发展，建筑工程中的信息来源愈加多样化，实时的数据集成能力显得尤为重要。决策支持系统需要能够处理来自传感器、施工设备、人员管理系统等多种信息源的数据，形成一个综合的数据平台，为管理者作出决策

提供坚实的基础。

设计决策支持系统时需特别注重用户友好性。系统界面和操作流程的直观性决定了用户的使用体验，尤其是在建筑工程这样一个涉及多层级用户的领域。无论是项目经理、现场工程师，还是决策层的高管，都需要能够迅速上手并有效使用决策支持系统。因此，决策支持系统设计应强调简洁的界面和逻辑清晰的操作流程，以降低学习成本，提高使用效率。这不仅有助于提高整体管理效率，也能增强用户对系统的接受度和依赖性。

为了进一步提升决策的科学性，决策支持系统应包含智能分析功能。通过引入机器学习算法，决策支持系统可以在海量数据中识别潜在模式和趋势，提供深度分析支持。智能分析能力不仅可以揭示数据中隐藏的价值，还能辅助管理者进行科学决策。例如，通过分析过去工程项目的数据，决策支持系统可以预测未来项目可能遇到的风险，提供相应的预警和建议，从而减少决策的盲目性。

多维度数据可视化功能是决策支持系统的重要组成部分。通过将复杂的数据进行可视化，管理者可以从不同角度理解数据，提高决策的效率与准确性。数据可视化不仅包括传统的图表展示，还应结合三维建模、热力图等先进技术，帮助用户更直观地分析和理解数据。多维度的展示方式能够使管理者在短时间内抓住数据的关键点，为决策提供有力支持。

决策支持系统须具备灵活的模拟功能，这一功能允许用户在系统中测试不同决策情境下的结果，优化决策过程和策略选择。通过模拟不同的施工方案、资源配置及风险管理策略，决策支持系统可以帮助管理者评估各参与方案的优劣，选择最优的决策路径。模拟功能不仅为管理者提供了一个安全的试验场，也为建筑工程的精细化管理提供了强有力的技术支撑。

（二）数据驱动决策优化

在建筑工程的精细化管理中，数据的实时分析功能为管理者提供了在项目执行过程中快速调整策略的能力，从而确保资源的最优配置和使用效率。实时数据分析不仅能提高资源的利用率，还能显著减少浪费和冗余。

通过收集和分析来自多个来源的数据，管理者能够及时获取项目进展的最新动态，从而在必要时迅速作出调整，以适应不断变化的施工环境和条件。

机器学习模型在识别项目中的潜在风险和异常情况方面具有显著优势。通过对历史数据的深入分析和模式识别，机器学习模型能够提前发现可能影响项目进度和质量的风险因素。管理者可以根据预测结果制定相应的应对措施，从而有效降低项目风险，保障工程顺利推进。机器学习的应用不仅提高了风险管理的前瞻性，还增强了项目的整体稳定性和可靠性。

集成多种数据源的信息为管理者提供了全面的项目视图，帮助管理者在决策时获得更为准确和可靠的信息支持。通过整合来自施工现场、供应链、财务和人力资源等多个领域的数据，管理者能够对项目的各个方面进行全面评估。信息的集成化处理，不仅提高了决策的准确性，还增强了不同部门之间的协作效率，确保了各项决策能够在充分的信息支持下进行。

基于数据分析的趋势预测是制定长期战略规划的重要工具。通过对历史数据的分析和趋势的识别，管理者能够预测未来的发展方向和市场需求，从而制定符合项目长期发展目标的战略规划。趋势预测不仅有助于项目的可持续发展，还提高了项目对外部环境变化的适应性，使其能够在激烈的市场竞争中保持优势。

（三）实时决策反馈机制

1. 提供项目的最新动态

在建筑工程的精细化管理中，实时决策反馈机制扮演着至关重要的角色。通过数据分析，管理者能够实时监控项目状态，确保及时掌握关键指标和变化信息。实时决策反馈机制的核心在于其能够持续地提供项目的最新动态，使管理层能在瞬息万变的施工环境中保持敏锐的洞察力。通过对实时数据的深度挖掘，管理者不仅可以了解当前的项目进展，还能预测潜在的风险和障碍，从而在问题萌芽阶段即采取有效措施，避免问题进一步扩大化。

2. 设定预警阈值

实时决策反馈机制的一个重要功能是设定预警阈值。通过这一功能，管理者能够在项目进展出现偏差时，及时收到自动提醒。主动预警系统能够有效地防止项目偏离计划轨道，并促使管理者迅速采取纠正措施。通过提前识别和应对潜在问题，实时决策反馈机制能够大幅降低项目延误和成本超支的风险，确保项目按照既定的时间和计划顺利完成。

3. 支持多方协作

实时反馈机制支持多方协作，各参与方可以共享实时数据。数据共享不仅促进了跨部门之间的沟通与协调，还提升了整体决策效率。在传统的建筑工程管理中，各部门之间的信息孤岛现象常常导致沟通不畅和效率低下。而实时反馈机制通过提供一个统一的数据平台，使各部门能够在同一时间获取相同的信息，从而实现更为高效的协作和决策。

4. 记录决策过程和结果

实时决策反馈机制能够记录决策过程及其结果，为后续项目提供宝贵的数据支持。数据记录不仅有助于项目的持续改进与优化，还为未来的项目管理提供了重要的参考依据。通过对过往决策的分析和总结，管理者能够不断优化决策流程，提高管理水平和项目绩效。持续的反馈和改进机制是实现建筑工程精细化管理的重要保障。

第四节　信息化平台的建设与精细化管理的结合

一、建筑工程信息化平台的架构设计与功能规划

（一）信息化平台架构设计原则

信息化平台的架构设计在建筑工程中扮演着至关重要的角色，其原则

直接影响系统的性能和用户体验。

首先，模块化设计是信息化平台的核心原则。通过模块化设计，各个功能模块可以独立开发与集成，不仅提高了系统的灵活性和可扩展性，还使后续的维护和升级更加便捷。模块化设计允许开发团队在不影响整体系统运行的情况下，对单个模块进行修改或更新，从而减少了系统停机的风险和成本。

其次，信息化平台架构还必须支持高并发访问，这是确保系统在项目高峰期能够稳定运行的关键。建筑工程项目通常涉及多个参与方，如设计师、施工方、监理单位等，他们可能会在同一时间段内频繁访问信息化平台。因此，信息化平台须具备处理大量并发请求的能力，以满足多方用户的同时使用需求。这不仅要求信息化平台的硬件配置要足够强大，还需要优化软件架构以提高响应速度和处理效率。

再次，实时更新与同步是信息化平台的重要原则。建筑工程项目的动态性和复杂性要求信息化平台能够实现数据的实时更新与同步，以确保各参与方能够及时获取最新信息。这可以显著提升决策的准确性和效率，避免因信息滞后导致误判或延误。实时更新机制需要信息化平台具备高效的数据处理和传输能力，同时也要求系统在设计时充分考虑数据一致性和可靠性。

最后，信息化平台必须具备强大的数据安全机制，以确保敏感信息的安全存储与传输。建筑工程项目涉及大量的机密数据，如设计图纸、合同文件、进度计划等，以上信息一旦泄露，可能会对项目造成重大损失。因此，信息化平台需采用先进的加密技术和安全协议，防止数据泄露和系统攻击。同时，还应定期进行安全审计和漏洞检测，以及时发现和修复潜在的安全隐患，确保信息化平台的安全性和可靠性。

（二）功能模块规划

建筑工程信息化平台的功能模块规划是实现精细化管理的关键环节。通过合理设计功能模块，可以有效提升项目管理的效率和质量。

1. 项目管理模块

项目管理模块是平台的核心，提供全面的项目进度、资源配置和成本控制功能。项目管理模块通过集成项目管理的各个方面，确保项目各环节的协调与高效运作，减少因信息不对称带来的延误和错误。项目管理模块的设计需要考虑项目的复杂性和动态性，确保能够适应不同规模和类型的建筑工程项目。

2. 数据分析模块

数据分析模块是信息化平台的重要组成部分。数据分析模块集成多种数据分析工具，支持实时数据处理与可视化。通过数据分析，管理者可以快速识别项目状态与潜在风险，从而做出及时而准确的决策。数据分析模块的实现需要依赖于强大的数据收集和处理能力，并结合先进的数据可视化技术，使管理者能够直观地理解复杂的数据关系和趋势。

3. 协同工作模块

协同工作模块旨在促进各参与方之间的信息共享与沟通。在建筑工程项目中，多个部门和专业团队的协作是项目成功的关键。协同工作模块通过提供统一的信息交流平台，确保项目团队能够高效协作，减少误解与信息延迟。协同工作模块的开发需要考虑各参与方的沟通需求和信息安全，确保信息流畅且安全。

4. 质量与安全管理模块

质量与安全管理模块是确保施工过程符合标准的重要工具。质量与安全管理模块能够实时监控施工现场的质量与安全状况，自动生成报告并提供预警功能。通过实时监控和预警，管理者可以及时采取措施，防止质量和安全事故的发生。质量与安全管理模块的有效性依赖于对施工现场的全面数据采集和智能分析。

5. 预算与成本控制模块

预算与成本控制模块在优化项目经济效益方面发挥着重要作用。预算与成本控制模块支持实时成本核算与预算执行监控，帮助管理者及时发现偏差并采取纠正措施。通过对预算和成本的精细化管理，项目可以在保证质量和进度的同时，实现经济效益最大化。预算与成本控制模块需要结合项目的财务管理系统，确保数据的准确性和实时性。

（三）用户需求分析

用户需求分析在建筑工程信息化平台的架构设计中起着至关重要的作用。用户对信息化平台的易用性和友好界面的需求尤为突出，确保不同层级的人员能够快速上手并有效使用系统是设计的首要目标，反映了建筑工程领域的多样化角色，从项目经理到一线施工人员，各个层级的用户都需要一个直观且易于操作的平台，以提高工作效率和准确性。通过合理的界面设计和用户体验优化，信息化平台可以有效地降低学习成本，使用户能够在短时间内掌握系统的核心功能，进而提升项目管理的整体效率。

在建筑工程项目中，实时数据更新与同步是用户的核心需求之一。用户希望通过信息化平台及时获取项目的最新进展和信息，以便作出快速而准确的决策。实时数据更新与同步强调了信息化平台在数据处理和传输方面的技术要求，确保数据的实时性和准确性是实现精细化管理的基础。通过高效的数据更新机制，信息化平台可以帮助用户在动态环境中保持信息的最新状态，支持项目的高效推进和风险管理。同时，实时数据的获取为项目的透明化管理提供了支持，使各参与方能够在同一信息基础上进行协作。

用户期望信息化平台具备强大的数据分析功能，能够支持多维度的数据可视化，不仅仅是为了提高数据处理的效率，更是为了帮助用户快速识别项目状态与潜在风险。在建筑工程中，各种数据的关联和分析是项目成功的关键。通过先进的数据分析工具，用户可以从海量数据中提取有价值的信息，识别趋势和异常，进而采取适当的措施来规避风险。多维度的数据可视化功能可以将复杂的数据转化为易于理解的图形和报表，帮助用户更直观地把握项目的整体情况。

高效的协同工作功能是用户对信息化平台的重要需求。建筑工程项目通常涉及多个参与方的合作，信息的共享与沟通是项目成功的关键。用户希望信息化平台能够促进各参与方之间的信息共享与沟通，提升团队的合作效率。通过集成化的协同工具，信息化平台可以实现跨部门、跨组织的无缝协作，减少沟通障碍，缩短项目周期。同时，协同工作的高效性有助于提高团队的响应速度和灵活性，使项目各参与方能够在变化的环境中迅速调整策略和行动。

用户对平台的安全性要求非常高，特别是对数据安全机制的完善性尤为关注。用户希望信息化平台能够确保敏感信息的安全存储与传输，防止数据泄露。这一需求反映了建筑工程领域对信息安全的高度重视，尤其是在涉及商业机密和个人隐私的数据时。通过采用先进的加密技术和安全协议，信息化平台可以为用户提供一个安全可靠的数据环境，降低信息泄露的风险。同时，完善的数据安全机制也增强了用户对平台的信任，为信息化平台的广泛应用奠定了基础。

二、信息化平台在精细化管理流程整合中的作用

（一）流程整合方法

在建筑工程的精细化管理中，流程整合方法是实现高效管理的关键。建立统一的信息化管理平台，可以实现各个管理流程的无缝对接和数据共享。信息化平台不仅仅是一个工具，更是一个将不同管理环节融合在一起的桥梁。通过这种方式，各个环节的负责人能够在同一平台上实时获取所需信息，确保项目的每一步都在掌控之中。信息化管理平台的应用，不仅提高了工作效率，还减少了因信息不对称导致的误解和偏差，使项目管理更加精准和高效。

为了进一步提高信息化管理平台的效能，制定标准化的操作流程是必不可少的。标准化流程的制定，确保所有参与方在信息化平台上按照相同的规范进行操作。统一的操作规范，不仅减少了误解和偏差，还为项目管

理提供了一个可供参照的标准体系。通过这种方式，项目的各个环节都能在一个统一的框架下运行，确保项目的顺利进行。同时，标准化流程还为项目的后续评估和改进提供了重要的参考依据。

利用数据分析工具对项目各环节进行实时监控，是信息化平台在精细化管理中的又一重要作用。通过数据分析工具，管理者可以及时发现并调整不符合预设流程的情况，从而提高管理效率。实时监控不仅让管理者对项目的进展有清晰的了解，还能在问题出现的第一时间进行干预和调整。实时反馈机制，使项目管理更加灵活和高效，能够快速应对各种突发情况，保障项目顺利推进。

实施跨部门协作机制，是信息化平台在流程整合中的另一个重要方面。通过信息化平台，不同专业团队之间可以实现有效的沟通与协作，增强整体项目管理的协调性。跨部门的协作机制，不仅提高了各部门之间的协同效率，还促进了不同专业知识的融合和共享。通过跨部门协作方式，项目管理不仅更加高效，还更好地适应复杂多变的工程环境，为项目的成功提供了坚实的保障。

（二）数据流转优化

通过建立高效的数据流转机制，信息化平台能够实现各部门间的数据自动传输，从而减少人工干预。数据流转机制的实施不仅提高了信息更新的速度，还大大提升了信息传递的准确性和可靠性。在传统的建筑工程管理中，数据的传递往往依赖人工操作，容易导致信息延迟和错误。而通过信息化平台，各部门之间的数据可以在瞬间完成传输，确保项目管理的各个环节都能在最新的数据基础上做出决策，从而提升整体管理效率。

为了实现无缝的数据流转，制定标准化的数据格式和接口规范是必不可少的。标准化的数据格式和接口规范确保了不同系统之间的数据能够顺畅对接，从而提升信息流转的效率与准确性。在建筑工程中，不同的部门和系统可能使用不同的数据格式，这就要求信息化平台能够兼容并转换这些数据格式，以实现统一的数据流转。通过标准化的接口，各系统之间可以进行无缝的数据交换，避免了因数据格式不一致而导致信息传递障碍，这对于提高项目管理的协同效率具有重要意义。

实时数据监控技术的应用，使信息化平台能够及时捕捉项目进展中的变化，确保数据流转的及时性和准确性。实时数据监控技术支持快速决策，帮助管理者在项目进程中及时调整策略，以应对各种变化和挑战。在动态变化的建筑工程项目中，实时数据监控能够提供最新的项目进展信息，使管理者能够在数据驱动的基础上作出明智的决策，避免因信息滞后而导致决策失误，从而提升项目管理的精细化水平。

在数据流转过程中，实施数据流转的权限管理至关重要。通过权限管理，信息化平台能够确保不同级别的用户访问相应的数据，从而保护敏感信息的安全性，避免数据泄露。权限管理不仅是信息安全的保证，也是管理效率提升的基础。在建筑工程中，不同岗位和职能需要访问不同层级的数据，权限管理能够有效限制数据访问范围，确保信息的安全性和保密性，同时也为管理者提供了一个清晰的数据管理框架。

（三）管理效率提升

在建筑工程信息化建设中，信息化平台的集成化设计发挥了重要作用。通过集成化设计，各部门之间的协作效率得到了显著提升，信息传递的时间和误差也大大减少。集成化设计模式打破了传统管理中各部门信息孤岛的现象，使信息在不同部门间流动更加顺畅。高效的协作机制不仅提高了整体管理效率，还为项目的顺利进行提供了有力保障。信息化平台的集成化设计为精细化管理的实施奠定了坚实的基础。

标准化的操作流程是信息化平台在精细化管理中的一大贡献。通过制定详细的标准化流程，项目管理的规范性得以保证。标准化不仅减少了因人为因素导致错误和延误，还提升了管理的整体效率。在建筑工程中，标准化操作流程的实施使各项工作有章可循，减少了不确定性和随意性。规范性管理为项目的成功实施提供了制度保障，确保了项目各环节有序推进。

实时数据监控技术的应用是信息化平台提升管理效率的又一重要手段。通过实时监控，项目进展的变化能够被迅速捕捉，管理者可以根据最新的数据进行及时的决策调整。实时性不仅提高了管理者的反应速度，还为项目的科学决策提供了数据支持。在快速变化的建筑工程环境中，实时数据监控技术的应用使管理者能够更好地掌控项目进度，确保项目按计划推进。

信息化平台的数据流转自动化是提升管理效率的关键因素之一。自动化的数据流转减少了人工干预，提高了信息更新的速度和准确性。自动化流程优化了管理过程，使信息的流动更加高效和可靠。在建筑工程中，数据的及时更新和准确传递是项目成功的关键，信息化平台通过自动化技术实现了这一目标，为精细化管理提供了有力支持。

三、基于信息化平台的建筑工程数据标准化建设

（一）数据标准化原则

数据标准化原则的核心在于确保所有数据的格式、命名规则和编码方式的一致性。统一性原则不仅有助于系统间的数据交换与共享，还能显著提升数据的可读性和可用性。在建筑工程中，各个环节的数据往往来源多样，缺乏统一的标准会导致数据碎片化和信息孤岛现象。因此，制定统一的数据标准化原则，能够有效地促进信息在不同系统之间的流动和共享，从而提高工程项目的整体管理效率。

数据标准化原则须具备可扩展性。建筑工程项目的复杂性和多变性要求数据标准能够随着项目的进展和技术的更新进行调整和扩展。可扩展性原则的应用，确保了数据标准不会因为技术的进步或管理需求的变化而过时。通过灵活调整数据标准，建筑工程的信息化平台能够更好地适应新的技术和管理需求，保持其在行业中的竞争优势和适应性。动态调整能力是建筑工程管理中不可或缺的一部分。

数据标准化的准确性是一个关键原则。在数据的采集、存储和传输过程中，保持高水平的准确性至关重要。准确性不仅影响信息的质量和决策的有效性，还直接关系工程项目的成功与否。通过严格的数据标准化流程，可以有效地减少信息误差，提高数据的可靠性和决策的科学性。这对于建筑工程的精细化管理至关重要，可以帮助管理者在复杂的工程环境中做出更为准确的判断和决策。

数据标准化必须考虑安全性。在标准化过程中，对敏感数据进行适当的保护措施是必不可少的。随着信息化建设的深入，数据安全问题日益突出。标准化过程中，必须制定严格的安全策略，以防止数据泄露和不当使用。通过对数据进行加密、访问控制等技术手段，保护数据的完整性和机密性，确保建筑工程信息化平台的安全运行。数据安全不仅是技术问题，也是管理责任，必须引起足够的重视。

（二）数据接口设计

在建筑工程信息化建设中，数据接口设计是实现精细化管理的关键环节。数据接口设计的首要任务是确保与现有系统的兼容性，这对于实现不同平台之间的数据无缝对接和交互至关重要。只有在接口设计中充分考虑现有系统的架构和功能，才能在不影响当前系统运作的前提下，顺利实现数据的集成和共享。兼容性不仅提高了系统的灵活性和适应性，也为建筑工程管理的精细化提供了坚实的基础。

在数据接口设计中，遵循标准化协议是必不可少的。标准化协议规范了数据传输的格式和方法，从而减少了信息传递过程中的错误和延迟。通过采用国际或行业标准，接口设计可以确保数据在不同系统之间的传输准确且高效。标准化的做法，不仅提升了数据交换的可靠性，还为建筑工程项目的精细化管理提供了统一的操作平台，使各参与方能够在同一标准下进行协作和沟通。

数据接口的安全性设计是不可忽视的一个重要方面。在数据传输过程中，安全性是保障信息不被泄露或篡改的关键。接口设计应包括身份验证和数据加密机制，以确保数据的安全性和隐私性。通过多层次的安全措施，建筑工程的信息化平台能够有效防范潜在的安全威胁，保护敏感数据的完整性和机密性，从而为精细化管理的实施提供一个安全可靠的环境。

可扩展性是数据接口设计中一个重要的考虑因素。随着建筑工程项目的发展，系统可能需要引入新的数据源和功能模块。接口设计应具备良好的可扩展性，以支持系统的持续发展和功能扩展。通过灵活的接口设计，系统可以根据未来的需求进行调整和升级，确保其在快速变化的技术环境中保持竞争力和适应性，为建筑工程的精细化管理提供持续的技术支持。

（三）数据一致性维护

在建筑工程信息化平台的建设过程中，数据一致性维护是确保各系统高效运作的关键要素。数据一致性不仅涉及数据的准确性和完整性，还关系各系统之间的协调运作。通过建立数据一致性检查机制，定期对数据进行审查和校对，能够确保各系统中的数据同步和准确。数据一致性检查机制不仅有助于发现潜在的数据不一致问题，还能及时进行纠正，避免因数据错误而导致工程管理失误。

为了减少人为错误导致数据不一致，制定数据输入标准是必不可少的。通过确保所有用户在数据录入时遵循统一的格式和规范，可以大大降低数据录入中的错误概率。标准化操作流程，不仅提高了数据的准确性，还为后续的数据分析和决策提供了可靠的基础。数据输入标准的制定，需要结合实际操作中的经验教训，并与信息技术的发展保持同步，以适应不断变化的工程需求。

在数据管理过程中，实施数据变更记录和追溯机制是确保数据一致性的重要手段。每一次数据的修改都应有详细的记录，以便后续的审计和问题追踪。数据变更记录和追溯机制不仅有助于提高数据管理的透明度，还为工程项目的管理提供了有力的支持。通过对数据变更的记录，管理者能够清晰地了解数据的变化过程，及时发现问题并采取有效措施进行纠正。

利用自动化工具监测数据流转过程是提高数据一致性维护效率的有效

方法。自动化工具可以实时监测数据在不同系统间的流转情况，及时发现并纠正数据传输中的错误。实时监测不仅提高了数据传输的效率，还大大降低了因数据不一致而导致工程风险发生的概率。通过自动化工具的应用，建筑工程的信息化管理可以更加高效、可靠。

四、信息化平台对建筑工程项目协同管理的支持

（一）协同工作机制

协同工作机制在建筑工程项目管理中扮演着关键角色，其核心在于信息共享。信息化平台的建立为各参与方提供了实时获取项目相关数据的能力，信息透明性极大地提升了决策的及时性与准确性。信息共享不仅仅是技术层面的要求，更是管理理念的体现，只有在信息充分共享的基础上，各参与方才能在同一认知水平上高效协作。信息化平台通过集成多种管理工具，形成一个统一的协作环境，使得项目各参与方能够在同一环境下进行高效协作，从而提升整体工作效率。

在协同工作机制中，清晰的沟通流程是确保信息传递顺畅的关键。建筑工程项目往往涉及多个部门和团队，信息传递滞后或失误可能导致严重的后果。因此，制定明确的沟通流程，确保信息能够在不同部门和团队之间快速传递，减少误解与信息延误，是精细化管理的重要组成部分。通过信息化平台，项目管理者能够更好地监控信息流动，确保信息在各环节的传递效率。

采用统一的协作平台是提升协同工作效率的有效途径。协作平台不仅集成了各类管理工具，还提供了一个共享的工作环境，使项目参与方能够在同一平台上进行沟通和协作。这样一来，信息孤岛现象得以消除，各参与方能够在统一的框架下开展工作，减少了因信息不一致导致沟通障碍。通过统一的协作平台，项目的整体效率得到显著提升。

定期的跨部门会议机制是促进各专业团队之间交流与反馈的重要手

段。在建筑工程项目中，各专业团队往往有不同的关注点和专业背景，定期的跨部门会议能够为各专业团队提供一个交流的平台，及时解决项目实施过程中的问题与挑战。通过跨部门机制，项目管理者能够及时获取各专业团队的反馈，调整项目计划和资源配置，确保项目顺利推进。

明确的责任分工与绩效考核机制是增强团队成员责任意识的重要保障。在协同工作中，明确的责任分工能够让每个团队成员清楚自己的职责和任务，减少因责任不清导致的推诿现象。通过信息化平台，项目管理者能够更好地跟踪每个成员的工作进度和绩效，设定合理的绩效考核机制，激励各成员在协同工作中发挥积极作用，最终实现项目目标高效达成。

（二）实时信息共享

实时信息共享在建筑工程项目管理中发挥着至关重要的作用。通过信息化平台，各项目参与方能够在同一时间获取最新的项目进展。同步的信息更新机制大大提升了决策的及时性和准确性，使管理层能够根据最新的数据进行科学的判断和调整，避免因信息滞后导致决策失误。通过实时信息共享，各项目参与方可以在统一的基础上进行沟通和协作，确保项目的各个环节都在可控的范围内稳步推进，从而提高整体项目管理的效率和质量。

信息化平台的实时信息共享功能有效地解决了信息孤岛的问题。通过一个统一的信息共享平台，各部门之间能够实现无缝对接，信息流转更加顺畅。信息的无障碍流动不仅增强了团队协作的效率，还促进了各部门之间的理解和协调，减少了因信息不对称而产生的误解和冲突。信息的高效共享使得项目各参与方能够在同一个平台进行交流和反馈，形成开放、透明的工作环境。

实时信息共享促进了数据的透明化，使项目管理者能够及时识别潜在的问题并采取相应的应对措施，从而降低项目风险。在信息化平台上，项目的各项数据都能够被实时监测和记录，项目管理者可以通过各项数据进行有效的分析和预判。信息的透明化不仅让项目管理者能够清晰地了解项目的进展和状态，还能帮助项目管理者在问题出现的早期阶段就采取措施，防止问题扩大化和复杂化。

实时信息共享支持多维度的数据分析，为项目管理者提供了从不同角度理解项目现状的可能。多维度的分析能力帮助项目管理者在资源配置和管理策略上作出更优化的决策。通过对实时数据的分析，项目管理者能够识别出项目中的瓶颈和不足之处，从而进行针对性的调整和改进。实时信息共享不仅提高了项目管理的科学性和精准度，也为项目的长远发展提供了坚实的数据支持。

（三）项目进度同步

项目进度同步是建筑工程信息化平台的重要功能之一，通过信息化平台，各部门能够实现实时的数据更新。实时性确保了所有参与方都可以在同一时间获取最新的施工进展信息，减少了因信息不对称导致沟通不畅和决策失误。信息化平台的应用，使项目进度的透明度和可控性大大提高，增强了各参与方的协作效率。

借助 BIM（建筑信息模型）技术，项目进度同步不仅仅是简单的数据更新，而是将施工进度与设计模型紧密结合。通过这种结合，项目管理者能够直观地了解各项工作的完成情况，可视化的进度管理方式，能够使项目管理者更清晰地掌握项目的整体进展和具体细节。BIM 技术的应用，提升了项目管理的精细化程度，为项目的成功实施提供有力支持。

定期的进度更新会议是确保项目进度同步的重要措施。进度更新会议促进了各团队之间的沟通与协调，使项目进度信息能够在团队内部和团队之间得到及时共享并保持一致性。通过这种方式，各团队成员能够更好地理解项目的整体目标和当前的进展情况，从而在执行过程中保持步调一致，减少因信息不对称而造成误解和延误。

建立动态进度监控系统是实现项目进度同步的重要一环。通过实时跟踪施工现场的实际进展，与计划进度进行对比，项目管理者能够及时发现并解决施工过程中的问题。动态监控不仅提高了项目管理的灵活性，也为项目的顺利实施提供了保障。动态进度监控系统使项目管理者能够在项目实施过程中，随时调整策略，以应对各种突发情况，确保项目成功交付。

五、建筑工程信息化平台的安全保障与持续发展策略

（一）安全防护措施

为了确保数据的安全性和系统的稳健性，首先要建立严格的数据访问控制机制。数据访问控制机制的核心是确保只有经过授权的用户才能访问敏感信息，从而有效地防止数据泄露和滥用。通过对用户权限的合理划分和动态管理，建筑工程信息化平台可以在信息访问的各个环节形成一道坚固的防线。

网络安全措施的实施是保障信息化平台安全的重要方面。为了抵御日益复杂的网络攻击和恶意软件侵害，必须在信息化平台部署先进的防火墙和入侵检测系统。以上工具不仅可以实时监控网络流量，识别并阻止潜在的威胁，还能通过分析历史数据，预测可能的攻击模式，从而提前采取防范措施，确保信息化平台持续安全运行。

定期进行安全审计和漏洞扫描是信息化平台维护的关键环节。通过定期审计，可以全面评估系统的安全状况，识别潜在的安全隐患。漏洞扫描能帮助信息化平台维护人员及时发现系统中的技术缺陷，并在问题暴露之前进行修复。主动的安全管理策略，不仅提升了系统的稳健性，也为信息化平台的长远发展奠定了坚实的基础。

在制订应急响应计划方面，建筑工程信息化平台需要具备快速反应能力，以应对突发的安全事件。详细的应急预案包括识别事件、隔离问题、修复系统、恢复服务等。通过预先演练和模拟，可以确保在实际事件发生时，能够迅速采取措施，最大限度地减少损失，并快速恢复信息化平台的正常运行。

（二）数据备份与恢复

1. 建立数据备份计划

建立定期的数据备份计划是确保关键项目数据安全的基础。通过定期保存和更新数据，可以有效降低数据丢失的风险，为建筑工程的顺利进行提供可靠保障。定期的数据备份不仅是对数据的保护，更是对项目稳定性的保障。通过详细的备份计划，项目管理者能够在面对突发事件时从容应对，确保数据的完整性和可用性，避免因数据丢失而导致项目延误或经济损失。

2. 采用多种备份方式

采用多种备份方式是实现数据安全的重要策略。全量备份、增量备份和差异备份各有其独特的优势，可以满足不同的数据恢复需求和时间要求。全量备份提供了完整的数据镜像，适合初始备份和定期的全面数据存档；增量备份则只记录自上次备份以来的变化，节省存储空间和备份时间；差异备份则介于两者之间，兼顾了数据的完整性和备份效率。通过灵活运用多种备份方式，建筑工程信息化平台能够在数据恢复时提供多种选择，确保不同场景下的数据恢复需求得到满足。

3. 定期测试数据恢复流程

定期测试数据恢复流程是确保数据备份策略有效性的关键环节。通过模拟数据丢失场景，验证数据恢复的速度和准确性，可以及时发现和解决潜在问题，确保在真正发生数据丢失时能够迅速有效地恢复系统与数据。模拟测试不仅提升了团队成员的应急响应能力，还减少了项目因数据问题而停滞的时间。通过持续的流程优化和演练，建筑工程信息化平台能够在数据安全保障方面保持高效性和可靠性。

4. 制定数据备份和恢复文档

制定详细的数据备份和恢复文档是确保备份策略顺利实施的重要保障。应明确各项操作流程和责任分配，确保所有相关人员都能清晰了解自己的职责和操作步骤。通过系统化的文档管理，团队成员能够在数据安全问题出现时，快速有效地进行响应，提升整体的应急处理能力，确保在数据安全保障方面形成合力，为建筑工程信息化平台的持续稳定运行提供坚实的保障。

（三）平台升级与维护策略

1. 建立定期的系统评估机制

在建筑工程信息化平台管理中，信息化平台升级与维护策略是确保其长期稳定运行和持续发展的关键。应建立定期的系统评估机制，通过定期检查信息化平台的性能和功能，可以确保其始终满足用户不断变化的需求和技术发展的步伐。定期的评估机制不仅有助于发现潜在的问题，还能为信息化平台的进一步优化提供数据支持，确保信息化平台能够在技术进步的浪潮中保持竞争力。通过系统评估，管理者可以预见可能的风险，并提前采取措施加以防范，从而保障信息化平台的安全性和可靠性。

2. 制订清晰的升级计划

制订清晰的升级计划是平台平稳过渡的保障。针对技术更新和功能扩展，分阶段实施升级计划可以有效减少对用户使用体验的影响。每个阶段的实施都需要经过详细的规划和测试，以确保新功能的引入不会对现有系统造成负面影响。通过分阶段实施，用户可以逐步适应新功能和技术更新，减少因突然变化带来的不便和困扰。同时，清晰的升级计划也为技术团队提供了明确的指导方针，使整个升级过程更加有序和高效。

3. 注重用户反馈

用户反馈是平台优化的重要依据。加强与用户沟通，收集用户在使用过程中的意见和建议，可以帮助平台管理者及时调整和优化平台功能。用户在实际操作中发现的问题和提出的改进建议，往往是平台优化的直接动力。通过有效的反馈机制，平台可以更贴近用户的实际需求，增强用户的满意度和使用黏性。反馈机制的建立，不仅能提升用户体验，还能为平台的持续发展提供源源不断的动力。

4. 组织技术支持团队

提供专业的维护和技术支持，确保用户在遇到问题时能够迅速获得帮助和解决方案，这是提升用户满意度的关键。技术支持团队不仅要具备解决问题的能力，还要能够主动识别潜在问题，提供预防性的维护措施。通过专业的技术支持，用户可以安心使用平台的各项功能，而不必担心技术故障带来的困扰。

参考文献

[1]潘智敏,曹雅娴,白香鸽．建筑工程设计与项目管理[M]．长春:吉林科学技术出版社,2019.

[2]杨智慧．建筑工程质量控制方法及应用[M]．重庆:重庆大学出版社,2020.

[3]阿天林．建筑工程管理与实务[M]．沈阳:辽宁科学技术出版社,2022.

[4]张雷,金建平,解国梁．建筑工程管理与材料应用[M]．长春:吉林科学技术出版社,2022.

[5]马兵,王勇,刘军．建筑工程管理与结构设计[M]．长春:吉林科学技术出版社,2022.

[6]朱江,王纪宝,詹然．建筑工程管理与施工技术研究[M]．长春:吉林科学技术出版社,2022.

[7]张朋,魏时文,刘长龙．现代建筑工程管理与施工技术应用[M]．长春:吉林科学技术出版社,2023.

[8]梁万波,徐征,吕沐轩．建筑工程管理与建筑设计研究[M]．长春:吉林科学技术出版社,2021.

[9]杨娜．从理论到实践:建筑工程管理策略探究[M]．长春:吉林科学技术出版社,2023.

[10]索玉萍,李扬,王鹏．建筑工程管理与造价审计[M]．长春:吉林科学技术出版社,2019.

[11]陆总兵. 建筑工程项目精细化管理实践与研究[M]. 天津:天津科学技术出版社,2017.

[12]高建学,李宏熙,邹自强.BIM 技术在建筑工程管理中的应用研究[M]. 长春:吉林科学技术出版社,2021.